"十三五"职业教育规划教材

电力电子技术与实训

主　编　郑亚红
副主编　刘　军
参　编　赵　野　官　伦
主　审　马少华

机械工业出版社

本书是"十三五"职业教育规划教材。本书采用项目-任务体例编写,将理论与实践有机地结合。本书融入了大量电力电子技术实训内容,对电力电子元器件、整流电路、变换电路等典型电路进行了详细的介绍,降低了基础理论讲解的比例,将重点放在电力电子技术理论知识的综合应用和大量引入实训的创新教学模式上。本书内容安排和难易程度可满足不同层次的教学要求,注重加强对学生基本实训技能、综合设计能力及实际动手能力的培养。

本书可作为职业院校机电技术应用、电气运行与控制、电子电器制造与维修等相关专业的电力电子技术课程教材,也可作为教师、成人教育和相关工程技术人员的参考书。

图书在版编目(CIP)数据

电力电子技术与实训/郑亚红主编. —北京:机械工业出版社,2019.2
(2022.1重印)
"十三五"职业教育规划教材
ISBN 978-7-111-61965-9

Ⅰ.①电… Ⅱ.①郑… Ⅲ.①电力电子技术-职业教育-教材
Ⅳ.①TM1

中国版本图书馆 CIP 数据核字(2019)第 024705 号

机械工业出版社(北京市百万庄大街22号 邮政编码100037)
策划编辑:赵红梅　　　　　责任编辑:赵红梅　张利萍
责任校对:张　薇　陈　越　封面设计:张　静
责任印制:常天培
北京机工印刷厂印刷
2022 年 1 月第 1 版第 2 次印刷
184mm×260mm · 7.5 印张 · 162 千字
标准书号:ISBN 978-7-111-61965-9
定价:22.00 元

前 言

　　电力电子技术是职业院校机电、电气类专业的基础课程，主要由电力电子器件、单相可控整流电路、三相整流电路、直流变换电路、逆变电路、交流变换电路、电力电子装置等内容组成，是理论性与实践性都很强的一门课程。

　　本书依据应用型人才培养方案，遵循"面向就业，突出应用"的原则，编写时注重教材的"科学性、实用性、通用性、新颖性"，力求做到知识体系完整、理论联系实际，注重培养学生的实践能力。

　　本书对教学内容进行了合理的调整，删减了传统教材中复杂、不易理解的知识，全书共分为7个项目，项目1介绍了常见电力电子器件的识别与检测方法；项目2介绍了单相桥式全控和半控整流电路的工作原理、波形变化、基本数量关系以及负载性质对电路的影响，并详细介绍了触发电路的组成、工作原理及检测方法；项目3介绍了三相半波可控整流电路和三相桥式全控整流电路的工作原理，以及不同触发角度下的电压波形及对整流电路工作情况的影响；项目4介绍了常用直流变换电路的工作过程及其实际应用；项目5介绍了逆变的基本概念、无源逆变的原理、常用无源逆变电路的工作过程，以及无源逆变电路在实践中的应用；项目6介绍了三相交流调压电路的构成、应用与工作原理；项目7介绍了开关电源的基本结构、工作过程和检测方法。为了便于教师讲授和学生学习，书中融入了一些典型实例。

　　本书学时分配方案见下表，在实施中任课教师可根据具体情况适当调整。

序号	内　容	总学时	讲课	实践
1	项目1 电子电力器件的识别与检测	4	2	2
2	项目2 单相可控整流电路的连接与检测	8	4	4
3	项目3 三相整流电路的连接与调试	8	4	4
4	项目4 直流变换电路的连接与检测	2	1	1
5	项目5 逆变电路的连接与检测	2	1	1
6	项目6 交流变换电路的连接与调试	2	1	1
7	项目7 电力电子装置的连接与检测	4	2	2
	机　动	4	2	2
	总　计	34	17	17

本书由郑亚红任主编，刘军任副主编，全书由马少华主审。其中，郑亚红编写项目 2 和项目 3，刘军编写项目 1 和项目 6，赵野编写项目 5 和项目 7，官伦编写项目 4。

本书在编写过程中，得到了沈阳机床股份有限公司技术部韦锋工程师的大力支持，在此表示衷心的感谢。

由于编者水平有限，书中难免有不足之处，恳请广大读者批评指正。

编　者

目 录

项目1

电力电子器件的识别与检测

工作场景

一台美的 MC－183B 电磁炉通电开机后出现"报警不加热"故障。测整机电压为 ＋305V、＋18V、＋5V，比较器 LM339"每脚"电压均正常。经检查发现电力电子器件 IGBT 击穿受损，将损坏的 IGBT 更换后，整机恢复正常。如何判断电力电子器件 IGBT 为受损元件呢？

能力目标

【知识】

1. 了解半控型器件——晶闸管和全控型器件——绝缘栅双极型晶体管（IGBT）的基本结构。

2. 理解半控型器件——晶闸管和全控型器件——绝缘栅双极型晶体管（IGBT）的工作原理。

3. 掌握半控型器件——晶闸管和全控型器件——绝缘栅双极型晶体管（IGBT）的检测方法。

【技能】

1. 学会晶闸管 BT151 的检测方法。

2. 学会晶闸管 BT151 测定电路的操作方法。

3. 学会 IGBT 管 G60N100 的检测方法。

【素养】

1. 全面培养学生的综合技能水平，提高自主学习的积极性。

2. 在教师的引导下，在任务的完成过程中培养学生的探索精神。

任务1　晶闸管的识别与检测

任务描述

1. 晶闸管的检测

使用指针式万用表对晶闸管 BT151（图 1-1）的功能管脚进行检测，判断晶闸管好坏，若损坏则分析其损坏的原因。

图 1-1　晶闸管 BT151 与指针式万用表 MF 47A

2. 晶闸管工作原理的测定

按照图 1-2 连接电路，对晶闸管工作过程进行演示，并分析晶闸管的导通和关断条件。

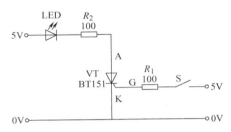

图 1-2　晶闸管工作原理图与实物图

▶▶ 任务目标

1. 了解半控型器件——晶闸管的外部结构和符号。
2. 理解半控型器件——晶闸管的基本工作原理。
3. 掌握半控型器件——晶闸管功能管脚的测定方法。

▶▶ 设备耗材

1. 仪器仪表（图 1-3 ~ 图 1-5）

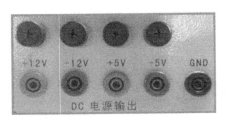

图 1-3　0 ~ 24V 可调直流电源　　　图 1-4　直流电源　　　图 1-5　指针式万用表 MF 47A

2. 元器件清单（表1-1）

表1-1　晶闸管工作原理测定电路元器件清单

序　号	元器件名称	型　号	数　量	单　位
1	晶闸管	BT151	1	个
2	电阻器	100	2	只
3	发光二极管	红色 $\phi5$	1	个
4	拨动开关	SS12D00	1	个
5	电源线	红白双色	2	套

》》 相关知识

一、晶闸管的结构

1. 外部结构和符号

晶闸管的外形包括小型塑封型（小功率）、平面型（中功率）和螺栓型（中、大功率）几种，如图1-6a所示。晶闸管具有阳极A、阴极K和门极（控制端）G三个连接端，对于螺栓型封装，通常螺栓是其阳极，能与散热器紧密连接且安装方便。图1-6b为晶闸管电气图形符号。

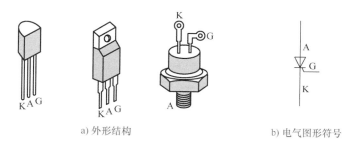

a) 外形结构　　　　　　　　　　　　b) 电气图形符号

图1-6　晶闸管的外形结构和电气图形符号

2. 内部结构

晶闸管的内部结构如图1-7所示。由图可以看出，晶闸管由PNPN四层半导体构成，分别命名为 P_1、N_1、P_2、N_2 四个区。中间形成 J_1、J_2、J_3 三个PN结：由最外层的 P_1、N_2 分别引出两个电极称为阳极A和阴极K，由中间的 P_2 引出门极G。如果正向电压加到器件上（即A极接电源正端，K极接电源负端），则 J_2 处于反向偏置状态，器件A、K两端之间处于阻断状态，只能通过很小的漏电流。如果反向电压加

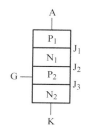

图1-7　晶闸管的内部结构

到器件上，则 J_1 和 J_3 处于反向偏置状态，该器件也处于阻断状态，只能通过很小的漏电流。

二、晶闸管的型号

国产晶闸管的型号有两种表示方法，即 KP 系列和 3CT 系列。额定通态平均电流有1A、5A、10A、20A、30A、50A、100A、200A、300A、400A、500A、600A、900A、1000A 共 14 种规格。额定电压在 1000V 以下的，每 100V 为一级，1000～3000V 的每200V 为一级，用百位数或千位及百位数组合表示级数。

KP 系列参数表示方式如图 1-8 所示，其通态平均电压分为 9 级，用 A～I 各字母表示 0.4～1.2V 的范围，每隔 0.1V 为一级。

例如，型号为 KP200 - 10D，表示 $I_F = 200A$、$U_D = 1000V$、$U_F = 0.7V$ 的普通型晶闸管。

3CT 系列参数表示方式如图 1-9 所示。

图 1-8 KP 系列参数表示方式

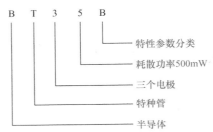

图 1-9 3CT 系列参数表示方式

三、晶闸管的工作原理

晶闸管可以等效成由 NPN 型晶体管 VT_1 和 PNP 型晶体管 VT_2 组合而成的器件，中间的 PN 结 J_2 由两管共用，如图 1-10 所示。

当晶闸管加上正向电压 U_{AK}，在门极未加上正向触发电压 U_{GK} 时，VT_1 管截止，晶闸管处于关断状态。当晶闸管加上正向电压 U_{AK}，在门极加上正向触发电压 U_{GK} 时，VT_1、VT_2 管导通。在触发导通后，VT_1 管由 VT_2 管集电极提供偏置电流。此时撤去外加触发电压，晶闸管仍能保持导通。若减小正向阳极电压或将阳极电压反接时，使阳极电流不足以维持 VT_1、VT_2 管导通，晶闸管就转为关断状态。

结论：

晶闸管导通必须同时具备两个条件：

1）晶闸管阳极与阴极间接正向电压。

2）门极与阴极之间也接正向电压。

晶闸管关断的方法：

1）将阳极电压降低到足够小或加瞬间反向阳极电压。

2）将阳极瞬间开路。

注：触发导通后，$U_{AK} = 0$ 时，晶闸管仍能保持导通。

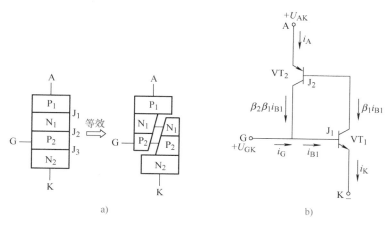

图 1-10　晶闸管工作原理分析

>> **任务实施**

一、晶闸管的检测

1. 判别电极

将万用表置于 $R \times 1k$ 档，测量晶闸管任意两管脚间的电阻，当万用表指示低阻值时，黑表笔所接的是门极 G，红表笔所接的是阴极 K，余下的一个管脚为阳极 A，其他情况下电阻值均为无穷大。

2. 质量好坏

对于晶闸管的三个电极，依据 PN 结单向导电性原理，用万用表电阻档测试器件三个电极之间的阻值，可以初步判断其性能好坏。将万用表置于 $R \times 10$ 档，测量阴极 K 和阳极 A 之间的正、反向电阻都很大，在几百千欧以上，且正、反向电阻相差很小；用 $R \times 10$ 或 $R \times 100$ 档测量门极和阴极之间的电阻，其正向电阻很小，这样的晶闸管是好的。如果阴极与阳极或阳极与门极间有短路，阴极与门极间为短路或断路，则晶闸管是坏的。

3. 损坏原因判断

当晶闸管损坏后需要检查分析其原因时，可把管芯从冷却套中取出，打开芯盒再取出芯片，观察其损坏后的痕迹，以判断是何原因。下面介绍几种常见现象分析。

1）电压击穿。晶闸管因不能承受电压而损坏，其芯片中有一个光洁的小孔，有时需用放大镜才能看见。其原因可能是晶闸管本身耐压下降或被电路断开时产生的高电压击穿。

2）电流损坏。电流损坏的痕迹特征是芯片被烧成一个粗糙的凹坑，其位置在远离门极处。

3）电流上升率损坏。其痕迹与电流损坏相同，而其位置在门极附近或就在门极处。

4）边缘损坏。发生在芯片外圆倒角处，有细小光洁的小孔。用放大镜可看到倒角面上有细细的金属物划痕，这是制造厂家安装不慎所造成的，该现象会导致电压击穿。

二、晶闸管工作原理的测定

晶闸管工作原理测定电路如图 1-11 所示。晶闸管的阳极及阴极、发光二极管、电阻和直流电源构成的电路称为主电路。晶闸管的阴极与门极、电阻、开关和直流电源构成的回路称为触发电路或控制电路。请按如下步骤进行晶闸管工作原理的测定。

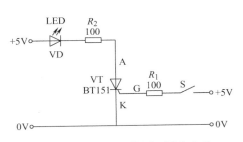

图 1-11　晶闸管工作原理测定电路

步骤 1：S 断开，U_{AK} 为正向电压，$U_{GK}=0$，发光二极管不发光，称为正向阻断，如图 1-12 所示。

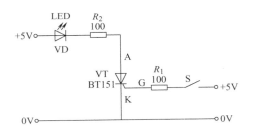

图 1-12　晶闸管工作原理测定原理图与实物图（1）

步骤 2：S 断开，U_{AK} 为反向电压，$U_{GK}=0$，发光二极管不发光，如图 1-13 所示。

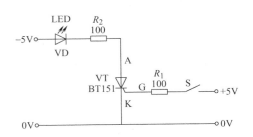

图 1-13　晶闸管工作原理测定原理图与实物图（2）

步骤 3：S 闭合，U_{AK} 为反向电压，U_{GK} 为正向电压，发光二极管不发光，称为反向阻断，如图 1-14 所示。

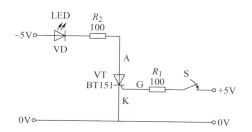

图1-14　晶闸管工作原理测定原理图与实物图（3）

步骤4：S闭合，U_{AK}为正向电压，U_{GK}为正向电压，发光二极管发光（图中黑色代表发光），称为触发导通，如图1-15所示。

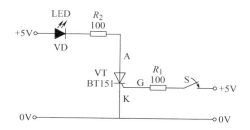

图1-15　晶闸管工作原理测定原理图与实物图（4）

步骤5：在步骤4基础上，断开S，发光二极管发光，称为维持导通，如图1-16所示。

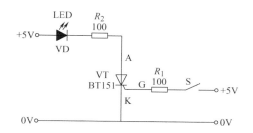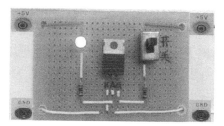

图1-16　晶闸管工作原理测定原理图与实物图（5）

步骤6：在步骤5基础上，逐渐减小U_{AK}，发光二极管亮度变暗，直到熄灭，如图1-17所示。

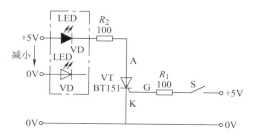

图1-17　晶闸管工作原理测定原理图与实物图（6）

步骤7：闭合开关S，U_{AK}为正向电压，U_{GK}为反向电压，发光二极管不发光，称为反向触发，如图1-18所示。

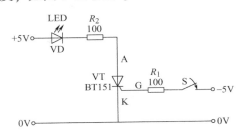 

图1-18 晶闸管工作原理测定原理图与实物图（7）

步骤8：闭合开关S，U_{AK}为反向电压，U_{GK}为反向电压，发光二极管不发光，如图1-19所示。

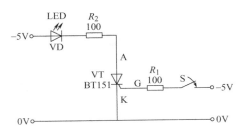 

图1-19 晶闸管工作原理测定原理图与实物图（8）

现象分析及结论：

1）由步骤3、步骤4得出，晶闸管具有_____导电性。

2）由步骤1、步骤2、步骤4、步骤7、步骤8得出，只有在_____极加上_____电压的前提下，晶闸管的单向导电性才得以实现。

3）由步骤5得出，导通的晶闸管去掉门极电压，晶闸管处于_____状态。

4）由步骤6得出，要使导通的晶闸管关断，必须把_____极电压降低到一定值才能关断。

▶▶ 任务评价

任务评价见表1-2。

表1-2 任务评价表

项目内容	配分	评分标准	扣分	得分
晶闸管的检测	30分	1. 正确使用指针式万用表判断晶闸管的各极（15分） 2. 正确使用指针式万用表判断晶闸管的好坏（15分）		
晶闸管工作原理的测定	60分	1. 正确选择电路所需的电子元器件（5分） 2. 正确焊接晶闸管工作原理测定电路（15分） 3. 正确接通电路所需的电源（5分） 4. 正确完成晶闸管工作原理测定过程（20分） 5. 正确记录电路现象及结论（15分）		
安全、文明生产	10分	违反安全文明操作规程（视实际情况进行扣分）		

> **任务拓展**

　　频闪信号灯电路原理图如图 1-20 所示，请根据已学的知识简述该电路的工作原理。

> **任务训练**

　　1. 课堂实践：

　　（1）晶闸管由哪几部分组成？符号是什么？

　　（2）晶闸管的导通和关断条件是什么？

　　（3）简述检测晶闸管电极和性能好坏的方法。

　　2. 由学生和教师分别对任务实践进行评价。

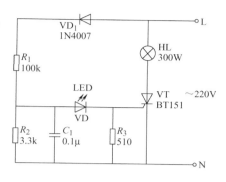

图 1-20　频闪信号灯电路原理图

任务 2　IGBT 的识别与检测

> **任务描述**

IGBT 管的检测

　　使用指针式万用表对 IGBT 管 G60N100 的功能管脚进行测定，同时判断其好坏，分析其损坏的原因。

> **任务目标**

　　1. 了解典型全控型电力电子器件的符号、结构和特点。

　　2. 理解绝缘栅双极型晶体管的特性和器件的检测方法。

　　3. 掌握绝缘栅双极型晶体管保护电路的构成。

> **设备耗材**

　　1. 仪器仪表（图 1-21、图 1-22）

图 1-21　指针式万用表 MF47A

图 1-22　IGBT G60N100

2. 元器件清单（表1-3）

表1-3　IGBT G60N100 的功能管脚测定电路元器件清单

电路名称	序号	器件名称	型号	数量	单位
IGBT 功能管脚测定电路	1	IGBT	G60N100	1	个

>> **相关知识**

20世纪80年代以来，信息电子技术与电力电子技术在各自发展的基础上相结合，形成高频化、全控型采用集成电路制造工艺的电力电子器件，从而将电力电子技术又带入了一个崭新时代。其典型代表有门极关断晶闸管、电力晶体管、电力场效应晶体管、绝缘栅双极型晶体管。

一、门极关断晶闸管

门极关断晶闸管（Gate - Turn - Off Thyristor，GTO）是晶闸管的一种派生器件，可以通过在门极施加负的脉冲电流使其关断。GTO 的电压、电流容量较大，与普通晶闸管接近，因而在兆瓦级以上的大功率场合有较多的应用。

GTO 的内部结构和电气图形符号如图 1-23 所示。

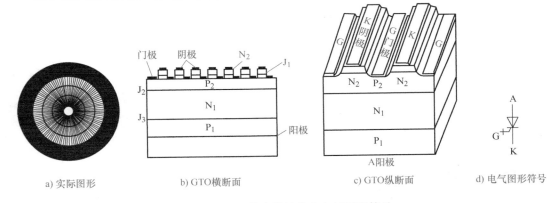

a) 实际图形　　　　b) GTO横断面　　　　c) GTO纵断面　　　　d) 电气图形符号

图 1-23　GTO 的内部结构和电气图形符号

门极关断晶闸管属于电流控制双极型器件，有电导调制效应，通流能力很强，开关速度较低，所需驱动功率大，驱动电路复杂，采用缓冲保护电路。

二、电力晶体管

电力晶体管（GTR）是一种耐高电压、大电流的双极结型晶体管，旧称为 BJT，英文有时候也称为 Power BJT，在电力电子技术的范围内，GTR 与 BJT 这两个名称等效。自20世纪80年代以来，它在中、小功率范围内取代晶闸管，但目前又大多被 IGBT 和电力 MOSFET 取代。

NPN 型电力晶体管的内部结构和电气图形符号如图 1-24 所示。

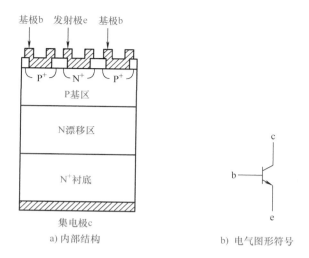

a) 内部结构　　　　　　　　　b) 电气图形符号

图 1-24　NPN 型电力晶体管的内部结构和电气图形符号

电力晶体管与 GTO 一样，属于电流控制双极型器件，驱动电路复杂，导通压降低，开关速度低，可以承受大电压大电流，采用过电压保护电路。

三、电力场效应晶体管

电力场效应晶体管简称电力 MOSFET，分为结型和绝缘栅型两种。通常主要指绝缘栅型中的 MOS 型，结型电力场效应晶体管一般称作静电感应晶体管（SIT）。

电力 MOSFET 的结构和电气图形符号如图 1-25 所示。

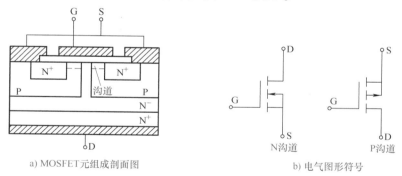

a) MOSFET元组成剖面图　　　　　　　　b) 电气图形符号

图 1-25　电力 MOSFET 的结构和电气图形符号

电力 MOSFET 采取两次扩散工艺，并将漏极 D 移到芯片的另一侧表面上，使从漏极到源极的电流垂直于芯片表面流过，这样有利于减小芯片面积和提高电流密度。

电力场效应晶体管属于电压控制单极型器件，驱动电路简单，导通压降大，开关速度高，不可以承受大电压大电流，采用静电保护。

四、绝缘栅双极型晶体管

绝缘栅双极型晶体管 IGBT 或 IGT 被看作 GTR 和 MOSFET 的复合，它结合二者的优点，具有良好的特性，自投入市场后取代了 GTR 和一部分 MOSFET 的市场，成为中小功率电力电子设备的主导器件。如果能继续提高电压和电流容量，将有可能取代 GTO 的地位。

1. 结构和符号

绝缘栅双极型晶体管的结构和符号如图 1-26 所示。

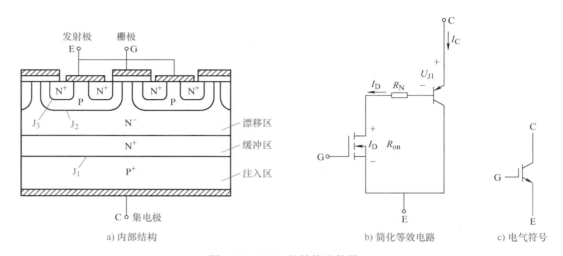

图 1-26　IGBT 的结构和符号

绝缘栅双极型晶体管主要是 N 沟道增强型器件，IGBT 比 VDMOSFET 多一层 P + 注入区，形成了一个大面积的 P + N 结 J_1 使 IGBT 导通时由 P + 注入区向 N 基区发射少子，从而对漂移区电导率进行调制，使得 IGBT 具有很强的通流能力。

简化等效电路表明，IGBT 是 GTR 与 MOSFET 组成的达林顿结构，是一个由 MOS-FET 驱动的厚基区 PNP 晶体管。

2. IGBT 的基本特性

（1）IGBT 的转移特性

图 1-27a 所示为 IGBT 的转移特性，它描述的是集电极电流 i_C 与栅射电压 u_{GE} 之间的关系，与功率 MOSFET 的转移特性相似。开启电压 $u_{GE(th)}$ 是 IGBT 能实现电导调制而导通的最低栅射电压。$u_{GE(th)}$ 随温度升高而略有下降，温度升高 1℃，其值下降 5 mV 左右。

（2）IGBT 的输出特性

图 1-27b 所示为 IGBT 的输出特性，也称为伏安特性，它描述的是以栅射电压为参考变量时，集电极电流 i_C 与集射极间电压 u_{CE} 之间的关系。此特性与 GTR 的输出特性相似，不同的是参考变量，IGBT 为栅射电压 u_{GE}，GTR 为基极电流 i_B。IGBT 的输出特性也分为三个区域：正向阻断区、有源区和饱和区。这分别与 GTR 的截止区、放大区和饱和区相对应。此外，当 $u_{CE} < 0$ 时，IGBT 为反向阻断工作状态。在电力电子电路中，IGBT 工作在开关状态，因而是在正向阻断区和饱和区之间来回转换。

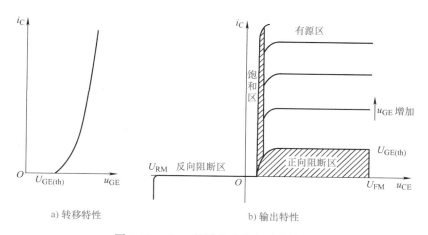

a) 转移特性　　　　　　　　b) 输出特性

图 1-27　IGBT 的转移特性和输出特性

3. IGBT 的驱动

IGBT 多采用专用的混合集成驱动器，常用的有三菱公司的 M579 系列（如 M57962L 和 M57959L）和富士公司的 EXB 系列（如 EXB840、EXB841、EXB850 和 EXB851），内部具有退饱和检测及保护环节，当发生过电流时能快速响应但慢速关断 IGBT，并向外部电路发出故障信号。

EXB840 为混合集成电路，能驱动高达 150A、600V 的 IGBT 和高达 75A、1200V 的 IGBT。由于驱动电路的信号延迟时间小于 1.5μs，所以此混合集成电路适用于大约 40kHz 的开关操作。它仅需 20V 电源供电，内置光耦合器，高绝缘耐压，内置过电流保护电路，附带过电流检测输出端子。

》》任务实施

IGBT 的检测

1. 判断极性

将万用表拨在 $R \times 1k$ 档，用万用表测量时，若某一极与其他两极电阻为无穷大，调换表笔后该极与其他两极的阻值仍为无穷大，则判断此极为栅极。其余两极再用万用表测量，若测得阻值为无穷大，调换表笔后测量阻值较小。则在测量阻值较小的一次中，判断红表笔接的为集电极，黑表笔接的为发射极。

2. 判断好坏

将万用表拨在 $R \times 10k$ 档，用黑表笔接 IGBT 的集电极，红表笔接 IGBT 的发射极，此时万用表的指针在零位。用手指同时触及一下栅极和集电极，这时 IGBT 被触发导通，万用表的指针摆向阻值较小的方向，并能指示在某一位置。然后再用手指同时触及一下栅极和发射极，这时 IGBT 被阻断，万用表的指针回零。此时即可判断 IGBT 是好的。

3. 注意事项

任何指针式万用表皆可用于检测 IGBT。注意，判断 IGBT 好坏时，一定要将万用表拨在 $R \times 10k$ 档，因 $R \times 1k$ 档以下各档万用表内部电池电压太低，检测好坏时不能使 IGBT 导通，而无法判断 IGBT 的好坏。此方法同样也可以用于检测功率场效应晶体管（P-MOSFET）的好坏。

>> **任务评价**

任务评价见表1-4。

表1-4　任务评价表

项目内容	配分	评分标准	扣分	得分
IGBT 的检测	90分	1. 正确使用指针式万用表判断 IGBT 管的各个电极（45分） 2. 正确使用指针式万用表判断 IGBT 管的好坏（45分）		
安全、文明生产	10分	违反安全文明操作规程（视实际情况进行扣分）		

>> **任务拓展**

利用互联网检索 IGBT 的控制原理及其主要应用。

>> **任务训练**

1. 课堂实践：
（1）简述几种典型全控型电力电子器件的符号和特点。
（2）如何用万用表判断 IGBT 的好坏？
2. 由学生和教师分别对任务实践进行评价。

项目小结

本项目主要介绍典型电力电子器件的基本结构、图形符号、工作原理和基本特性等内容。

电力电子器件根据是否可控分类如下：
（1）不可控器件：二极管 VD。
（2）半控器件：普通晶闸管 SCR。
（3）全控器件：GTO、GTR、P-MOSFET、IGBT 等。

根据门极（栅极）驱动信号的不同分类如下：
（1）电流控制器件：驱动功率大，驱动电路复杂，工作频率低。该类器件有 SCR、GTO、GTR。

（2）电压控制器件：驱动功率小，驱动电路简单可靠，工作频率高。该类器件有 P－MOSEET、IGBT。

思考与练习

一、填空题

1. 电力电子器件一般工作在_____状态。

2. 按照电力电子器件能够被控制电路信号所控制的程度，可将电力电子器件分为_____型器件、_____型器件、不可控器件三类。

3. 普通晶闸管有三个电极，分别是_____、_____和_____。

4. 晶闸管在其阳极与阴极之间加上_____电压的同时，门极上加上_____电压，晶闸管就导通。

5. 当晶闸管承受反向阳极电压时，不论门极加何种极性的触发电压，晶闸管都将工作在_____状态。

6. 请填写以下电子器件的英文简称：电力晶体管_____；门极关断晶闸管_____；功率场效应晶体管_____；绝缘栅双极型晶体管_____；IGBT 是_____和_____的复合管。

7. 型号为 KS100－8 的器件表示_____晶闸管，它的额定电压为_____ V、额定有效电流为_____。

8. 当温度降低时，晶闸管的触发电流会_____，正反向漏电流会_____；当温度升高时，晶闸管的触发电流会_____，正反向漏电流会_____。

二、判断题

1. 普通晶闸管外部有三个电极，分别是基极、发射极和集电极。　　　　（　　）

2. 型号为 KP50－7 的半导体器件是一个额定电流为 50A 的普通晶闸管。（　　）

3. 只要让加在晶闸管两端的电压减小为零，晶闸管就会关断。　　　　（　　）

4. 只要给门极加上触发电压，晶闸管就导通。　　　　　　　　　　　（　　）

5. 晶闸管加上阳极电压后，不给门极加触发电压，晶闸管也会导通。　（　　）

三、简答题

1. 维持晶闸管导通的条件是什么？怎样才能使晶闸管由导通变为关断？

2. 怎样用万用表判断晶闸管的管脚？

项目2

单相可控整流电路的连接与检测

工作场景

直流调速器是一种调节直流电动机速度的设备，它将交流电转化成两路输出直流电源，通过控制电枢直流电压来调节直流电动机转速。单相可控整流电路是其主要的主体电路。现有一台直流调速器出现无法调速的故障，请你根据故障现象检测电路，判断其故障点。

能力目标

【知识】

1. 了解单结晶体管触发电路的基本组成和工作原理。

2. 理解单相桥式全控整流电路的基本组成和工作原理。

3. 掌握单相桥式半控整流电路的基本组成和工作原理。

【技能】

1. 学会单结晶体管触发电路的安装与调试方法。

2. 学会单相桥式全控整流电路的安装与调试方法。

3. 学会单相桥式半控整流电路的安装与调试方法。

【素养】

1. 全面培养学生的综合技能水平，提高自主学习的积极性。

2. 在教师的引导下，在任务的完成过程中培养学生的探索精神。

任务1 触发电路的连接与检测

任务描述

按照图 2-1 连接电路，使用双踪示波器观察并记录其产生的波形，分析波形产生的原因。

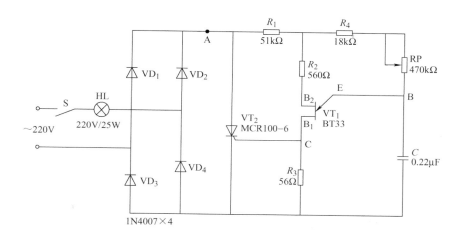

图 2-1　单结晶体管触发电路原理图

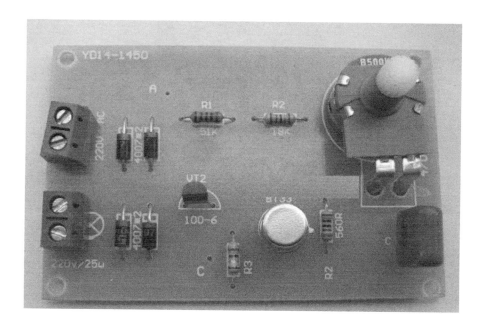

图 2-2　单结晶体管触发电路实物图

▷▷ 任务目标

1. 了解单结晶体管触发电路的基本组成。
2. 理解单结晶体管触发电路的工作原理。
3. 掌握单结晶体管触发电路的安装与调试方法。

>> 设备耗材

1. 仪器仪表（图2-3～图2-5）

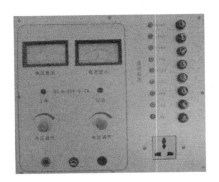

图2-3 电源单元电路

图2-4 万用表MF47A

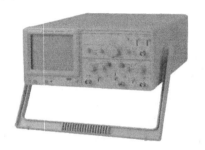

图2-5 双踪示波器

2. 元器件清单（表2-1）

表2-1 单结晶体管触发电路元器件清单

序　号	元器件名称	型　号	数　量	单　位
1	二极管	1N4007	4	个
2	晶闸管	100－6	1	个
3	单结晶体管	BT33	1	个
4	涤纶电容	0.22μF	1	个
5	电阻器	560Ω、56Ω、51kΩ、18kΩ	各1	个
6	电位器	470kΩ	1	个
7	接线柱	5.08间距	2	个

>> 相关知识

使晶闸管由关断转为导通的外界条件是晶闸管阳极加正向电压，同时门极也施加正的控制信号。当晶闸管导通后控制信号就不起作用了。直到电源过零时，晶闸管阳极电流小于维持电流而自行关断。由于晶闸管导通后，门极就失去控制作用，因此对晶闸管的控制实际上就是提供一个有一定宽度的门极控制脉冲去触发晶闸管使之导通。产生门极控制脉冲的电路称为门极控制电路，常称为触发电路。触发电路的种类很多，本节主要介绍单结晶体管触发电路和集成触发电路等。

一、对触发电路的基本要求

各种触发电路的工作方式不同，对触发电路的要求也不完全相同，归纳起来有以下几点：

1）触发信号常采用脉冲形式。晶闸管在触发导通后门极就失去控制作用，虽然触发信号可以是交流、直流或脉冲形式，但为减少门极损耗，故一般触发信号常采用脉冲形式。常见的触发信号波形如图2-6所示。

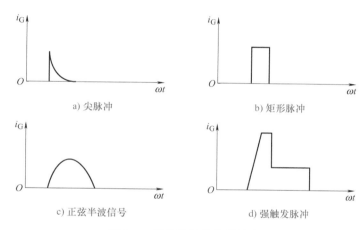

a) 尖脉冲　　b) 矩形脉冲　　c) 正弦半波信号　　d) 强触发脉冲

图2-6　常见的触发信号波形

2）触发脉冲应有足够的功率。因为晶闸管的特性有较大的分散性，且特性随温度而变化，故触发电压和触发电流应大于晶闸管的门极触发电压和触发电流，并留有一定的余量，保证晶闸管可靠触发。晶闸管属于电流控制器件，为保证足够的触发电流，一般可取两倍左右所测触发电流大小（按电流大小决定电压）。对于户外寒冷场合，脉冲电流的幅度应增大为器件最大触发电流的 $3\sim5$ 倍。

3）触发脉冲要有足够的宽度，且前沿要陡。触发脉冲的宽度一般应保证晶闸管阳极电流在脉冲消失前能达到擎住电流，使晶闸管能保持通态，这是最小的允许宽度。脉冲宽度还与负载性质、主电路型式有关。例如，对于单相整流电路，电阻性负载时要求脉宽大于 $10\mu s$，电感性负载时要求脉宽大于 $100\mu s$。对于三相全控桥式电路，采用单脉冲触发时脉宽应为 $60°\sim120°$，采用双脉冲触发时脉宽为 $10\mu s$ 左右即可。触发脉冲前沿越陡，越有利于并联或串联晶闸管的同时触发。一般要求触发脉冲前沿陡度大于 $10V/\mu s$ 或 $800mA/\mu s$。对于户外寒冷场合，脉冲前沿的陡度也需增加，一般需达 $1\sim2A/\mu s$。

4）触发脉冲与主电路电源电压（即晶闸管阳极电压）必须同步。两者频率应该相同，而且要有固定的相位关系，才能使晶闸管在每一周波都能重复在相同的相位上触发，保证变流装置的品质和可靠性。

5）触发脉冲的移相范围应能满足变流装置的要求。触发脉冲的移相范围与主电路型式、负载性质及变流装置的用途有关。

6）触发电路应具有动态响应快、抗干扰性能强、温度稳定性好及与主电路的电气隔离良好等性能。

二、触发电路的型式

晶闸管的门极触发电路有移相控制和垂直控制两种方式。移相控制就是通过改变控制脉冲产生的时间，来改变晶闸管的导通角。垂直控制则是指依靠移相信号和控制信号叠加，借改变控制信号的大小来改变晶闸管的导通角。本书只讨论移相控制电路。

触发电路又可分为模拟式和数字式两种。阻容移相桥、单结晶体管触发电路以及利用锯齿波移相电路或利用正弦波移相电路均为模拟式触发电路；而用数字逻辑电路以及微处理器控制的移相电路则属于数字式触发电路。

触发电路根据组成的元器件来分，又可分为分立元器件构成的触发电路、集成电路构成的触发电路、专用集成触发电路以及微机触发电路几种。

三、单结晶体管触发电路

1. 单结晶体管结构及其特性

单结晶体管又称为双基极二极管，它的结构、等效电路、图形符号及电压电流特性如图 2-7 所示。

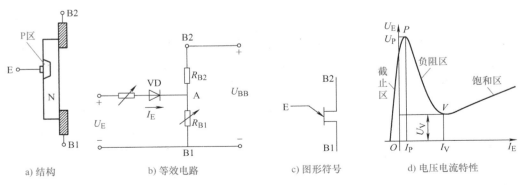

图 2-7　单结晶体管的结构、等效电路、图形符号及电压电流特性

a) 结构　　　b) 等效电路　　　c) 图形符号　　　d) 电压电流特性

单结晶体管有一个 PN 结和三个电极，其中一个为发射极，另两个均为基极。它是在一块高电阻率的 N 型硅片上用镀金陶瓷片制作两个接触电阻很小的极，称为第一基极

B1 和第二基极 B2，在硅片靠近 B2 处掺入 P 型杂质形成 PN 结，并引出一个铝质极，称为发射极 E。于是 E 对 B1 和 B2 都构成一个 PN 结，具有单向导电性。当在 B1、B2 极间接一外加电压 U_{BB} 后，则 A 点电压为

$$U_A = \left[R_{B1} / (R_{B1} + R_{B2}) \right] U_{BB} = \eta U_{BB} \tag{2-1}$$

式中，R_{B1} 和 R_{B2} 为第一基极和第二基极的电阻值；$\eta = R_{B1}/(R_{B1} + R_{B2})$，称为分压比，通常 $\eta = 0.3 \sim 0.9$。

当 $U_E = 0$ 时，二极管 VD 受 U_{BB} 电压的反向偏置作用，将有反向漏电流 I_E 流过。

当 U_E 从零逐渐增加时，二极管 VD 所承受的反向电压将相应减小，漏电流也随之减小。当 $U_E = U_A$ 时，等效二极管零偏，$I_E = 0$。

进一步增加 U_E，直到 U_E 增加到高出 U_{BB} 一个 PN 结正向压降 U_D 时，即 $U_E = U_P = U_{BB} + U_D$ 时，单结晶体管才导通。由于 EB1 结变为正向导通，出现大量载流子而使电阻 R_{B1} 减小，U_E 显著减小，呈现负阻特性。开始出现负阻特性的转折点 P 称为峰点，该点相应的电压称为峰点电压 U_P，相应的电流称为峰点电流 I_P。

当 I_E 继续增大到某一数值 I_V 后，由于载流子的存储效应，将反过来排斥载流子的继续注入，而使 R_{B1} 不再继续减小，U_E 又随 I_E 增加而增大，重又呈现出电阻特性，这一现象称为饱和。负阻特性结束的转折点 V 称为谷点，该点相应的发射极电压称为谷点电压 U_V，相应的发射极电流 I_V 称为谷点电流。单结晶体管的电压电流特性中，负阻特性部分称为负阻区，左侧称为截止区，右侧称为饱和区。

2. 单结晶体管触发电路

利用单结晶体管的电压电流性能可组成各种振荡器，作为晶闸管的触发电路。

图 2-8a 是具有同步的单结晶体管触发电路，主电路为单相桥式半控整流电路。电路有两个工作要点：一是触发电路要产生可控的移相脉冲，二是该移相脉冲应与主电源同步，以保证导通角恒定。

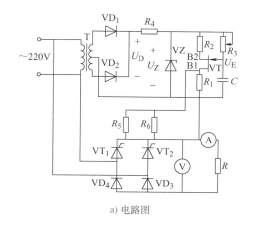

a) 电路图

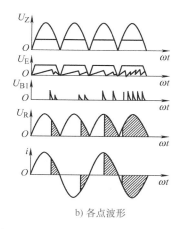

b) 各点波形

图 2-8　单结晶体管触发电路及各点波形

移相脉冲是由单结晶体管 VT 与 R_3、C、R_1 和 R_2 组成的振荡器产生的。当电源接通后，由稳压管 VZ 决定的电压经电阻 R_3 向电容 C 充电，待电容两端电压达到单结晶体管的峰点电压 U_P 时，EB1 结导通，电容 C 通过 EB1 结经电阻 R_1 放电，于是在电阻 R_1 上产生脉冲电压 U_{B1}。在放电过程中，电容 C 的端电压 U_E 将按指数规律下降，当降至单结晶体管的谷点电压 U_V 时，单结晶体管立即由导通变为截止，在电阻 R_1 上的脉冲电压消失。电容 C 又重新充电，如此循环不已，在电容 C 的两端形成锯齿波电压，而在电阻 R_1 上获得一串脉冲电压。从图 2-8b 还可看到，每半周期中电容充放电不止一次，晶闸管由第一个脉冲触发导通，后面的脉冲不起作用。

为了保证脉冲电压的正确产生，要正确地选择电路参数。为了保证振荡条件，关键是充电电阻 R_3 的取值。应使由 R_3 决定的负载线与单结晶体管的负阻特性相交，即 R_3 取值应满足

$$(E_C - U_P)/I_P \geqslant R_3 \geqslant (E_C - U_V)/I_V$$

在略去放电时间的假设下，电路的振荡频率由下式计算：

$$f \approx 1/\{R_3 C \ln [1/(1-\eta)]\} \tag{2-2}$$

同步作用是由变压器 T 实现的，因此 T 称为同步变压器。图 2-8a 中触发变压器与主电路变压器接在同一电源上，同步变化。二次交流电压经全波整流后，再经稳压管 VZ 削波成为梯形波 U_E 向振荡电路供电。当 U_E 过零时振荡即停止，电容 C 放电完毕，保证了在交流电源每半周期开始时电容 C 从零开始充电，充电时间决定于第一个脉冲的相位，即触发延迟角 α 的大小。改变电阻器 R_3 的数值即可改变振荡频率，实现调节 α 角大小的目的。如果参数值固定不变，则触发延迟角 α 也不变。

由单结晶体管组成的触发电路，尽管结构简单，但缺点也明显，如输出功率较小，参数分散性较大，脉冲较窄以及脉冲移相范围受限制等，故多用于要求不太高的单相整流装置场合。

四、集成触发电路

集成化晶闸管移相触发电路具有移相线性度好、性能稳定可靠、体积小、温度漂移小等优点，形成了系列化的产品，国产 KC 系列、改进型产品 KJ 系列已经得到越来越广泛的应用。现以国产 KC 系列 KC04 移相触发电路为例，介绍其外部结构与工作过程。

KC04 集成触发器是一种集驱动控制和驱动电路为一体，供相控触发方式的电力电子电路采用的专用集成电路，属于同步信号为锯齿波形的触发电路。KC04 为 16 脚双列直插式封装，其电路结构如图 2-9 所示。

KC04 集成触发器由同步单元、锯齿波形成单元、移相控制单元、脉冲形成单元和功率放大单元等部分组成。

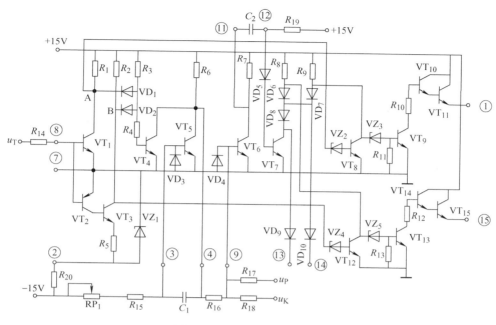

图 2-9　KC04 电路内部结构

1. 同步单元

外接正弦同步电压 u_T 经电阻 R_{14} 接至芯片的⑧端，在芯片内产生过零检测的同步脉冲 u_{c4}。

2. 锯齿波形成单元

外接电容 C_1 通过芯片的③和④端接至 VT_5 的基极和集电极之间，构成了电容负反馈的锯齿波发生器。锯齿波电压的斜率将由充电电路的 C_1、R_6、R_{15} 和 RP_1 决定。

3. 移相控制单元

锯齿波电压 u_{VT5C}（晶体管 VT_5 的集电极电压）和外接偏移电压 u_P、移相控制电压 u_K，分别经过电阻 R_{16}、R_{17}、R_{18} 由芯片端子⑨进入芯片，经叠加后，如果偏移电压 u_P 和锯齿波电压 u_{VT5C} 为定值，那么改变 u_K 的大小即可改变脉冲产生的时刻，起到移相控制的作用。

4. 脉冲形成单元

+15V 电源、C_2、R_{19} 为外接电路，C_2 与芯片端子⑪、⑫连接，在⑬端得到一个宽度固定的移相脉冲，该脉冲宽度由时间常数 $R_{19}C_2$ 决定。

5. 功率放大单元

由脉冲分选和功率放大两部分组成，承担脉冲功率放大及分选，在外接正弦同步

电压 u_T 的正半周，触发脉冲由①端输出，⑮端无输出；在 u_T 的负半周时，触发脉冲由⑮端输出，①端无脉冲输出。

>> **任务实施**

触发电路的连接与检测

1）检测元器件，按图 2-1 连接好电路，确保电路准确无误。

2）接通电源，用双踪示波器 Y1 测量 A、B 的电压数值与波形 A1、B1（表 2-2）。

表 2-2　A、B 的电压波形 A1 和 B1

记录 A 的电压波形 A1	示波器	记录 B 的电压波形 B1	示波器
	峰峰值： 频率值：		峰峰值： 频率值：

3）调节给定电位器 RP，使触发延迟角 α 为 60°左右。

4）用双踪示波器 Y1 测量 A、B 的电压数值与波形 A2 和 B2（表 2-3）。

表 2-3　A、B 的电压波形 A2 和 B2

记录 A 的电压波形 A2	示波器	记录 B 的电压波形 B2	示波器
	峰峰值： 频率值：		峰峰值： 频率值：

5）测量单结晶体管 BT33 发射极触发脉冲输出 1 电压波形（表 2-4）。

6）调节电位器，测量单结晶体管 BT33 发射极触发脉冲输出 2 电压波形（表 2-4）。

表 2-4　单结晶体管 BT33 发射极触发脉冲输出电压波形

记录触发脉冲输出 1 电压波形	示波器	记录触发脉冲输出 2 电压波形	示波器
	峰峰值： 频率值：		峰峰值： 频率值：

▶▶ 任务评价

任务评价见表 2-5。

表 2-5　任务评价表

项目内容	配分	评分标准	扣分	得分
触发电路的连接	90 分	1. 正确接通电路所需的电源（25 分） 2. 正确调试出符合要求的电压波形（25 分） 3. 正确调试出符合触发条件的输出脉冲（40 分）		
安全、文明生产	10 分	违反安全文明操作规程（视实际情况进行扣分）		

▶▶ 任务拓展

试分析图 2-10 中 u_E 和 u_o 的输出波形。

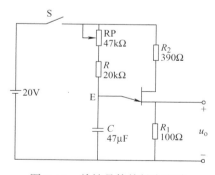

图 2-10　单结晶体管触发电路

▶▶ 任务训练

1. 课堂实践：

（1）什么是触发电路？

（2）晶闸管对触发脉冲的要求是什么？

2. 由学生和教师分别对任务实践进行评价。

任务 2　单相桥式全控整流电路的连接与检测

>> **任务描述**

按照图 2-11 连接电路，使用双踪示波器观察并记录其产生的波形，分析波形产生的原因。

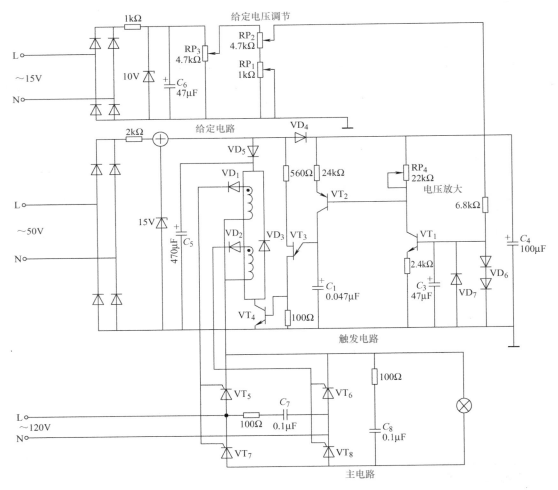

图 2-11　单相桥式全控整流电路原理图

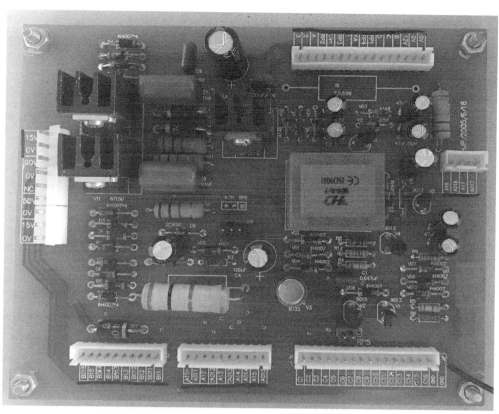

图 2-12 单相桥式全控整流电路实物图

任务目标

1. 了解单相桥式全控整流电路的基本工作原理。
2. 理解单相桥式全控整流电路的基本组成。
3. 掌握单相桥式全控整流电路的安装与调试方法。

设备耗材

1. 仪器仪表（图 2-13 ~ 图 2-15）

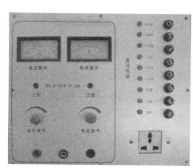

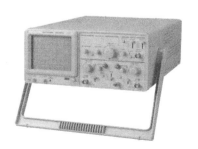

图 2-13 电源单元电路　　　图 2-14 万用表 MF 47A　　　图 2-15 双踪示波器

2. 元器件清单（表2-6）

表2-6　单相桥式全控整流电路元器件清单

电路名称	序号	元器件名称	型　号	数量
触发电路	1	二极管	1N4007	15
	2	稳压管	10V、15V	各1
	3	电解电容	47μF	2
	4	电解电容	470μF、100μF	各1
	5	电位器	4.7kΩ	2
	6	晶体管	9013	2
	7	晶体管	9012	1
	8	电位器	1kΩ、22kΩ	各1
	9	电阻器	100kΩ、560kΩ、1kΩ、2kΩ、 2.4kΩ、6.8kΩ、24kΩ	各1
	10	单结晶体管	BT33	1
主电路	1	晶闸管	BT151	4
	2	电阻	100Ω	2
	3	电容	0.1μF	2
	4	白炽灯	120V/20W	1

》》相关知识

单相可控整流电路因其具有电路简单、投资少、调试和维修方便等优点，一般4kW以下容量的可控整流装置采用较多。本节以单相桥式全控整流电路为例，根据所接负载不同，分别讨论电阻性负载、阻感性负载、反电动势负载三种情况。

一、带电阻性负载工作情况

电炉、白炽灯等均属于电阻性负载。电阻性负载的特点是负载两端电压波形和流过负载的电流波形相似，其电流、电压均允许突变。

图2-16a为带电阻性负载的单相桥式全控整流电路，图中有4个晶闸管，其中 VT_1 和 VT_3 组成一对桥臂，VT_2 和 VT_4 组成另一对桥臂，T为整流变压器，R_d 是电阻性负载，u_1 为一次侧电网电压，u_2 为整流变压器二次侧输出电压。u_d、i_d 分别为整流输出电压瞬时值和负载电流瞬时值。

在 u_2 正半周，a点电位高于b点电位，若不加触发脉冲，4个晶闸管均不导通，负载电流 i_d 为零，u_d 也为零。若在触发角 $\omega t_1 = \alpha\pi$ 时，给晶闸管发送触发脉冲，由于 VT_2 和 VT_4 承受反向电压而处于关断状态，VT_1 和 VT_3 承受正向电压而导通，故电流从电源

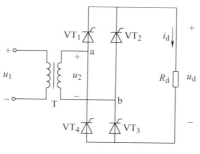

a) 带电阻性负载的电路

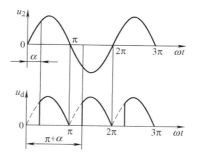

b) 输出电压波形

图 2-16 单相桥式全控整流带电阻性负载时的电路及波形

a 端经 VT_1、R_d、VT_3 流回电源 b 端。当 u_2 过零时，流过晶闸管的电流也降到零，VT_1 和 VT_3 关断，电路无输出。

在 u_2 负半周，b 点电位高于 a 点电位，若在触发角 $\omega t_2 = \pi + \alpha$ 时，给晶闸管发送触发脉冲，则 VT_2 和 VT_4 导通。电流从电源 b 端流出，经 VT_2、R_d、VT_4 流回电源 a 端。u_2 过零时，电流又降为零，VT_2 和 VT_4 关断。u_2 的下一个周期将重复上述过程。

在单相桥式全控整流电路中，从晶闸管开始承受正向电压，到触发脉冲出现之间的电角度称为触发延迟角（亦称控制角、触发角或移相角），用 α 表示。晶闸管在一周期内导通的电角度称为导通角，用 θ 表示。

在单相桥式全控整流电路带电阻性负载时有如下数量关系：

1）整流电压平均值为

$$
\begin{aligned}
U_d &= \frac{1}{\pi} \int_\alpha^\pi \sqrt{2} U_2 \sin\omega t \, d(\omega t) \\
&= \frac{\sqrt{2}}{\pi} U_2 (1 + \cos\alpha) \\
&= 0.9 U_2 (1 + \cos\alpha)/2
\end{aligned}
\tag{2-3}
$$

由上式可知：$\alpha = 180°$时，$U_d = 0$，为最小值；$\alpha = 0$ 时，$U_d = 0.9 U_2$，为最大值。可见，α 的移相范围是 $0° \sim 180°$。从图 2-16b 波形可知，改变角 α 的大小，输出整流电压 u_d 的波形和输出直流电压平均值 U_d 的大小也随之改变，α 角减小，U_d 就增加，反之，U_d 就减小。

2）负载上输出的直流电流平均值为

$$
I_d = U_d/R_d = 0.9 U_2 (1 + \cos\alpha)/(2R_d)
\tag{2-4}
$$

3）晶闸管承受的最大反向电压为

$$
U_{RM} = \sqrt{2} U_2
\tag{2-5}
$$

4）输出电压有效值为

$$
U = \sqrt{\frac{1}{\pi} \int_\alpha^\pi (\sqrt{2} U_2 \sin\omega t)^2 d(\omega t)} = U_2 \sqrt{\frac{\sin 2\alpha}{\pi} + \frac{\pi - \alpha}{\pi}}
\tag{2-6}
$$

5）负载（输出）电流有效值为

$$I = \frac{U_2}{R_d}\sqrt{\frac{\sin 2\alpha}{\pi} + \frac{\pi - \alpha}{\pi}} \qquad (2\text{-}7)$$

6）流过每只晶闸管电流的有效值和平均值为

$$I_{VT} = \frac{1}{\sqrt{2}}I \qquad (2\text{-}8)$$

$$I_{dV} = \frac{I_d}{2} \qquad (2\text{-}9)$$

不考虑变压器的损耗时，要求变压器的容量为

$$S = U_2 I \qquad (2\text{-}10)$$

二、带阻感性负载工作情况

各种电机的励磁线圈、整流输出接电抗器的负载等均属于电感性负载。整流电路带电感性负载时的工作情况与电阻性负载有很大不同，为了便于分析，把电感与电阻分开，如图 2-17 所示。

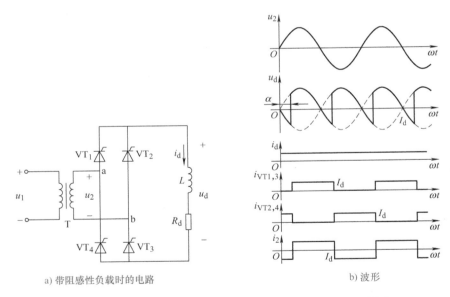

a) 带阻感性负载时的电路　　　　　　　　　　　　b) 波形

图 2-17　单相桥式全控整流电路带阻感性负载时的电路及波形

由于电感具有阻碍电流变化的作用，当电流上升时，电感两端的自感电动势 e_L 阻碍电流的上升，所以晶闸管触发导通时，电流要从零逐渐上升，随着电流的上升，自感电动势逐渐减小，这时在电感中便储存了磁场能量。当电源电压下降以及过零变负时，电感中电流在变小的过程中又由于自感效应，产生方向与上述相反的自感电动势 e_L，来阻碍电流减小，这时只要 e_L 大于电源的负电压，负载上电流将继续流通，晶闸管继续导

通，这时，电感中储存的能量释放出来，一部分消耗在电阻上，另一部分回送到电源，因此负载上电压瞬时值出现负值。到某一时刻，当流过晶闸管的电流小于维持电流时，晶闸管关断，并且立即承受反向电压。

如图 2-17b 所示，结合波形分析：在 u_2 正半周期触发延迟角 α 处给晶闸管 VT$_1$ 和 VT$_3$ 加触发脉冲使其开通，$u_d = u_2$。由于负载中有电感存在，使负载电流不能突变，电感对负载电流起平波作用。假设负载电感很大，负载电流 i_d 连续且波形近似为一水平线。u_2 过零变负时，由于电感的作用，晶闸管 VT$_1$ 和 VT$_3$ 中仍流过电流 i_d，并不关断。至 $\omega t = \pi + \alpha$ 时刻，给 VT$_2$ 和 VT$_4$ 加触发脉冲，因 VT$_2$ 和 VT$_4$ 已承受正向电压，故两管导通。VT$_2$ 和 VT$_4$ 导通后，u_2 通过 VT$_2$ 和 VT$_4$ 分别向 VT$_1$ 和 VT$_3$ 施加反压，使 VT$_1$ 和 VT$_3$ 关断，流过 VT$_1$ 和 VT$_3$ 的电流迅速转移到 VT$_2$ 和 VT$_4$ 上。至下一周期重复上述过程，如此循环往复。

电流由一组晶闸管转移到另一组晶闸管的过程称为换相，也称换流。

单相桥式全控整流电路带阻感性负载时有如下数量关系：

1）输出直流电压平均值为

$$U_d = 0.9 U_2 \cos\alpha \qquad (2\text{-}11)$$

$\alpha = 0$ 时，$U_d = 0.9 U_2$；$\alpha = 90°$ 时，$U_d = 0$。α 的移相范围为 $0° \sim 90°$。

2）晶闸管承受的最大反向电压为

$$U_{RM} = \sqrt{2}\, U_2$$

3）平均值和有效值为

$$I_{dV} = \frac{I_d}{2} \qquad I_{VT} = \frac{1}{\sqrt{2}} I_d = 0.707 I_d$$

晶闸管导通角 θ 与 α 无关，均为 $180°$。

4）变压器二次电流 i_2 有效值为

$$I_2 = I_d$$

波形为正负各占 $180°$ 的矩形波，其相位由 α 决定。

三、带反电动势负载的情况

蓄电池、直流电动机的电枢均属于反电动势负载。这类负载具有一定直流电动势 E，它的极性对于可控整流电路的晶闸管而言相当于反向电压，故称反电动势负载，其等效电路用电动势 E 和内阻 R 表示，如图 2-18a 所示。

在这种负载中，只有在 $|u_2| > E$ 且有触发脉冲时，晶闸管才可能导通，整流电路才有电流输出，导通之后，$u_d = u_2 = E + Ri_d$，直至 $|u_2| = E$，i_d 即降至零，使得晶闸管关断；当 $|u_2| < E$ 时，晶闸管因承受反向电压而继续关断。与电阻性负载相比，晶闸管提前了电角度 δ 关断，δ 称为停止导电角。因此在 α 相同时带反电动势负载的整流输出电压比带电阻性负载时大。

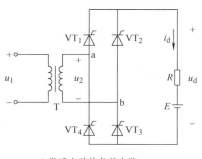

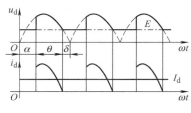

a) 带反电动势负载电路　　　　　　　　　b) 波形

图 2-18　单相桥式全控整流电路反电动势负载电路及波形

如图 2-18b 所示，i_d 波形在一周期内有部分时间为零的情况，称为电流断续。与此对应，若 i_d 波形不出现为零的情况，称为电流连续。

负载为直流电动机时，如果出现电流断续，则电动机的机械特性将很软。为了克服此缺点，一般在主电路中直流输出侧串联一个平波电抗器，用来减少电流的脉动和延长晶闸管导通的时间。这时，整流电压 u_d 的波形和负载电流 i_d 的波形与电感负载电流连续时的波形相同，u_d 的计算公式也一样。

>> 任务实施

单相桥式全控整流电路的连接与检测

1）检测元器件，按图 2-11 连接好电路，确保电路准确无误。

2）将电阻性负载（灯泡）接入单相桥式全控整流电路主电路，将触发脉冲加在晶闸管 $VT_5 \sim VT_8$ 上。

3）接通电源，调节给定电压，观察并记录晶闸管 $VT_5 \sim VT_8$ 两端的电压、负载两端电压以及波形；改变触发延迟角 α 的大小，观察波形的变化，填入表 2-7 中。

表 2-7　波形记录表

记录晶闸管 VT_5 电压波形	示波器	记录负载两端电压波形	示波器
	峰峰值： 频率值：		峰峰值： 频率值：

（续）

记录改变 α 晶闸管 VT₅ 电压波形	示波器	记录改变 α 负载两端电压波形	示波器
	峰峰值： 频率值：		峰峰值： 频率值：

▶▶ 任务评价

任务评价见表 2-8。

表 2-8　任务评价表

项目内容	配分	评分标准	扣分	得分
触发电路的连接	40 分	1. 正确接通电路所需的电源（10 分） 2. 正确调试出符合要求的电压波形（10 分） 3. 正确调试出符合触发条件的输出脉冲（20 分）		
主电路的连接	50 分	1. 按照电路原理正确连接电路（10 分） 2. 使用示波器正确记录整流电路输出负载波形（40 分）		
安全、文明生产	10 分	违反安全文明操作规程（视实际情况进行扣分）		

▶▶ 任务拓展

单相桥式全控整流带电阻性负载时的电路如图 2-16a 所示，变压器一次电压有效值 $U_1 = 220\text{V}$，$R_d = 4\Omega$，要求 I_d 在 0～25A 的范围内变化，求：

（1）整流变压器的电压比（不考虑裕量）。

（2）选择晶闸管的型号（考虑 2 倍裕量）。

（3）在不考虑损耗的情况下，选择变压器的容量。

▶▶ 任务训练

1. 课堂实践：

（1）可控整流电路的定义是什么？它与不可控整流电路的区别有哪些？

（2）触发延迟角和导通角的定义是什么？两者有何关联？

2. 由学生和教师分别对任务实践进行评价。

任务3 单相桥式半控整流电路的连接与检测

>> 任务描述

按照图2-19连接电路，使用双踪示波器观察并记录其产生的波形，分析波形产生的原因。

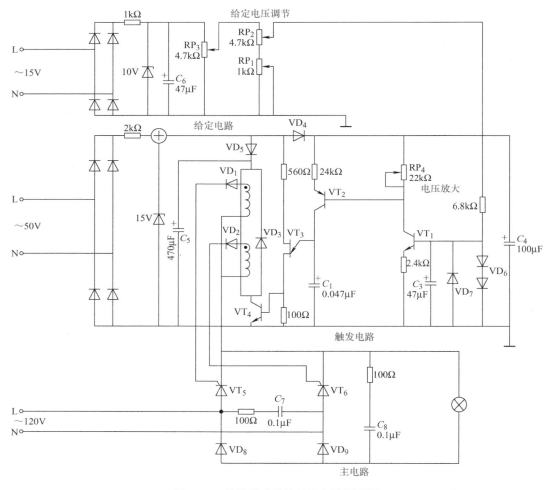

图2-19 单相桥式半控整流电路原理图

>> 任务目标

1. 了解单相桥式半控整流电路的基本工作原理（图2-20）。

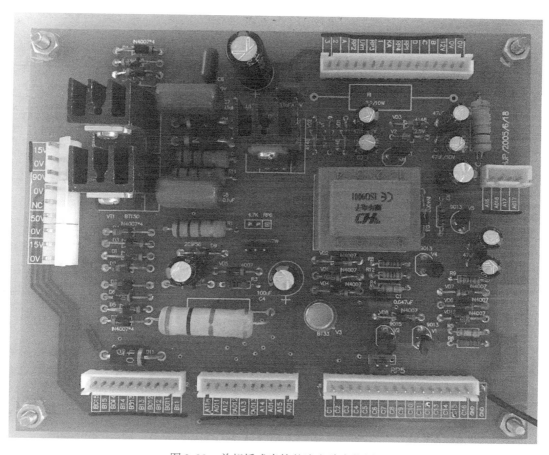

图 2-20 单相桥式半控整流电路实物图

2. 理解单相桥式半控整流电路的基本组成。

3. 掌握单相桥式半控整流电路的安装与调试方法。

设备耗材

1. 仪器仪表（图 2-21 ~ 图 2-23）

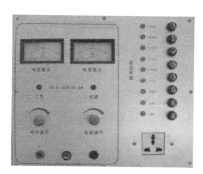

图 2-21 电源单元电路

图 2-22 万用表 MF 47A

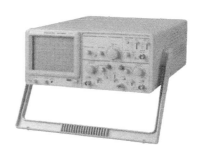

图 2-23 双踪示波器

2. 元器件清单（表2-9）

表2-9　单相桥式半控整流电路元器件清单

电路名称	序号	元器件名称	型　　号	数量
触发电路	1	二极管	1N4007	15
	2	稳压管	10V、15V	各1
	3	电解电容	47μF	2
	4	电解电容	470μF、100μF	各1
	5	电位器	4.7kΩ	2
	6	晶体管	9013	2
	7	晶体管	9012	1
	8	电位器	1kΩ、22kΩ	各1
	9	电阻器	100kΩ、560kΩ、2kΩ、2.4kΩ、6.8kΩ、1kΩ、24kΩ	各1
	10	单结晶体管	BT33	1
主电路	1	晶闸管	BT151	2
	2	电阻	100Ω	2
	3	电容	0.1μF	2
	4	白炽灯	120V/20W	1
	5	二极管	1N4007	2

>> **相关知识**

在单相桥式全控整流电路中共用了4个晶闸管，分成两个导电回路，要求桥臂上晶闸管同时被导通，因此选择晶闸管时要求具有相同的导通时间，且脉冲变压器二次绕组之间要承受 u_2 电压，所以绝缘要求高。从经济角度出发，可用两只整流二极管代替两只晶闸管，简化整个电路，如图2-24a所示，该电路为单相桥式半控整流电路，其在中小容量可控整流装置中被广泛采用。

图2-24a所示电路的特点是：两只晶闸管为"共阴极"接法，触发脉冲同时送给两只晶闸管的门极，能被触发导通的只能是承受正向电压（即阳极电位高）的一只晶闸管，所以触发电路较简单。整流二极管 VD_3 与 VD_4 是"共阳极"接法，能否导通仅取决于电源电压 u_2 的正负，承受正向电压（即阴极电位低）的一只二极管导通，而与 VT_1 及 VT_2 是否导通及负载性质均无关。

带电阻性负载时的半控电路与全控电路的工作情况相同，这里只对带电感性负载的工作情况进行讨论。

如图2-24a所示，在 u_2 正半周时，VD_3 处于正偏导通，当触发延迟角为 α 时，晶闸管 VT_1 承受正向电压而被触发导通，u_2 经 VT_1 和 VD_3 向负载供电，$u_d = u_2$。u_2 过零变负

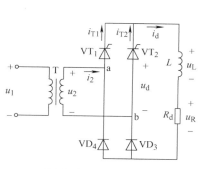

a) 单相桥式半控整流电路

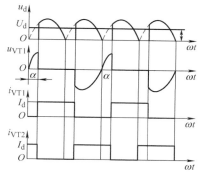

b) 波形

图 2-24　单相桥式半控整流电路及波形

时，因电感作用使电流连续，VT_1 继续导通。但因 a 点电位低于 b 点电位，使得 VD_3 关断，VD_4 导通，电流从 VD_3 转移至 VD_4，电流不再流经变压器二次绕组，而是由 VT_1 和 VD_4 续流。此时，如忽略器件的通态压降，则 $u_d = 0$，不像全控桥电路那样出现 u_d 为负的情况。

在 u_2 负半周触发延迟角 α 时刻，VT_2 承受正向电压而被触发导通，则向 VT_1 加反压使之关断，u_2 经 VT_2 和 VD_4 向负载供电。u_2 过零变正时，VD_4 关断，VD_3 导通，VT_2 和 VD_3 续流，u_d 又为零。此后重复以上过程，波形如图 2-24b 所示。

以上电路在实际运行中，若由于某种原因当 α 突然增大至 180° 或触发脉冲丢失时，由于电感储能不经变压器二次绕组释放，只是消耗在负载电阻上，会发生一个晶闸管持续导通，而两个二极管轮流导通的情况。例如，u_2 为正，当 VT_1 与 VD_3 正处于导通状态时，突然切断触发电路，则当 u_2 过零变负时，VD_3 关断，VD_4 导通，由于电感的作用，负载电流由 VT_1 和 VD_4 续流，$u_d = 0$；当 u_2 又为正时，VD_4 关断，VD_3 导通，而 VT_1 是持续导通的，则 u_2 又经 VT_1 和 VD_3 向负载供电，$u_d = u_2$。这使 u_d 成为正弦半波，如图 2-25 所示，即半周期 u_d 为正弦，另外半周期 u_d 为零，相当于单相半波不可控整流电路时的波形。

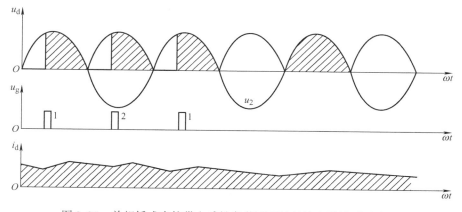

图 2-25　单相桥式半控带电感性负载不可控整流电路波形示意图

这种关断触发电路，主电路仍有直流输出的不正常现象称失控现象，这在电路工作中是不允许的，为此，电路实际应用中需加设续流二极管 VD_2。有续流二极管时的电路如图 2-26a 所示。

有了续流二极管 VD_2，失控现象可以避免，续流过程由 VD_2 完成，在续流阶段晶闸管承受反向电压而关断，这就避免了某一个晶闸管持续导通从而导致失控的现象。

单相桥式半控带电感负载接续流管整流电路的输出电压、电流平均值为

$$U_d = 0.9U_2(1 + \cos\alpha)/2$$

$$I_d = \frac{U_d}{R_d}$$

晶闸管的电流平均值、有效值及可能承受的最大电压为

$$I_{dT} = \frac{\pi - \alpha}{2\pi}I_d$$

$$I_T = \sqrt{\frac{\pi - \alpha}{2\pi}}I_d$$

$$U_{TM} = \sqrt{2}U_2$$

续流二极管的电流平均值、有效值及可能承受的最大反向电压为

$$I_{dD} = \frac{\alpha}{\pi}I_d$$

$$I_D = \sqrt{\frac{\alpha}{\pi}}I_d$$

$$U_{DM} = \sqrt{2}U_2$$

实际运行的单相桥式半控整流电路的另一种接法如图 2-26b 所示，相当于把图 2-26a 中的 VT_2 换为二极管 VD_2，这样可以省去图 2-26a 中的续流二极管 VD_2，续流由 VD_2 和 VD_3 来实现。续流过程请读者自行分析。

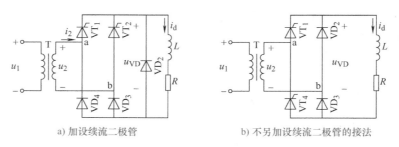

a) 加设续流二极管   b) 不另加设续流二极管的接法

图 2-26　单相桥式半控整流电路的接法

>> 任务实施

单相桥式半控整流电路的连接与检测

1）检测元器件，按图 2-19 连接好电路，确保电路准确无误。

2）将电阻性负载（灯泡）接入单相桥式半控整流电路主电路，将触发脉冲加在晶闸管 $VT_1 \sim VT_4$ 上。

3）接通电源，调节给定电压，观察并记录晶闸管 $VT_1 \sim VT_4$ 两端的电压、负载两端电压以及波形；改变触发延迟角 α 的大小，观察波形的变化，填入表2-10中。

表2-10　波形记录表

记录晶闸管 VT_1 电压波形	示波器	记录负载两端电压波形	示波器
	峰峰值： 频率值：		峰峰值： 频率值：
记录改变 α 时晶闸管 VT_1 电压波形	示波器	记录改变 α 时负载两端电压波形	示波器
	峰峰值： 频率值：		峰峰值： 频率值：

任务评价

任务评价见表2-11。

表2-11　任务评价表

项目内容	配分	评分标准	扣分	得分
触发电路的连接	40分	1. 正确接通电路所需的电源（10分） 2. 正确调试出符合要求的电压波形（10分） 3. 正确调试出符合触发条件的输出脉冲（20分）		
主电路的连接	50分	1. 按照电路原理正确连接电路（10分） 2. 使用示波器正确记录整流电路输出负载波形（40分）		
安全、文明生产	10分	违反安全文明操作规程（视实际情况进行扣分）		

任务拓展

图 2-27 为一种简单的舞台调光电路，试求：

（1）根据 u_g、u_d 波形分析电路调光工作原理。

（2）说明 RP、VD 及开关 S 的作用。

（3）本电路中晶闸管的最小导通角 θ 为多少？

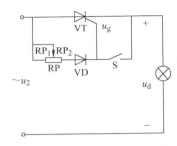

图 2-27　舞台调光电路原理图

任务训练

1. 课堂实践：

（1）失控现象是如何产生的？

（2）在单相桥式半控整流电路中，当负载为大电感负载时，加续流二极管的作用是什么？

2. 由学生和教师分别对任务实践进行评价。

项 目 小 结

可控整流电路可以把交流电变换为大小可调的直流电。单相可控整流电路结构简单，调整方便，缺点是三相电源系统不平衡，整流输出电压脉动较大，因此单相可控整流电路常用于十几千瓦以下的中小容量的设备上，较大容量的设备常选用三相可控整流电路。

本项目重点讨论了单相桥式全控和半控整流电路，分析和研究其电路结构、工作原理、一般定量计算等，其中不同负载对电路工作的影响是讨论问题的重点。所指负载性质是对它表现的主要特点而言的，实际负载往往兼有几种性质。例如蓄电池属于反电动势负载，但若整流装置接大的电感后，再接蓄电池，则对于整流装置来说将为感性负载。一般说电阻性负载是指电炉、电解、电镀等负载，其特点是负载上的电压波形与电流波形相似，当电源电压过零时，流过晶闸管的电流也过零，使晶闸管关断。感性负载指接电动机励磁绕组等负载，在电源电压过零时，晶闸管不关断，延长了导电时间，利用加续流二极管措施后，即可在电源电压过零时关断。

晶闸管触发信号由触发电路提供，常见的触发电路有单结晶体管触发电路、晶体管触发电路、集成触发电路和微机控制数字触发电路。

本项目重点讨论了单结晶体管触发电路和集成触发电路的组成及工作原理。单结晶体管触发电路结构简单、调试方便，输出脉冲前沿陡、抗干扰能力强，常用于大容量晶闸管的触发控制。集成触发电路体积小、性能稳定可靠，应用日益广泛。

思考与练习

1. 一个单相桥式全控整流电路，交流电压有效值为220V，流过晶闸管的电流有效值为15A，则这个电路中晶闸管的额定电压如何选择？晶闸管的额定电流如何选择？

2. 单相桥式全控整流电路中，当负载分别为电阻性负载或电感性负载时，要求的晶闸管移相范围分别是多少？

3. 单相桥式全控整流电路带阻感性负载，$U_2 = 220V$，$R_d = 5\Omega$，L足够大，$\alpha = 60°$时，①求整流输出平均电压U_d、电流I_d，变压器二次电流有效值I_2；②考虑安全裕量，确定晶闸管的额定电压和额定电流。

4. 单相桥式全控整流电路带反电动势负载，已知$U_2 = 100V$，$E = 60V$，$R = 3\Omega$，$\alpha = 30°$，电抗L足够大，求输出平均电压U_d、输出平均电流I_d，流过晶闸管电流平均值I_{dVT}和有效值I_{VT}，变压器二次电流有效值I_2和容量S_2。

5. 单相桥式半控整流电路，电阻性负载。当触发延迟角$\alpha = 90°$时，画出负载电压u_d、晶闸管VT_1电压U_{VT1}、整流二极管VD_4电压U_{VD4}，在一周期内的电压波形图。

6. 一台由220V交流电网供电的1kW烘干电炉，为了自动恒温，现改用单相半控桥式整流电路，交流输入电压仍为220V。试计算选择晶闸管与整流二极管。

7. 某电感性负载采用带续流二极管的单相半控桥式整流电路，已知电感线圈的内阻$R = 5\Omega$，输入交流电压$U_2 = 220V$，触发延迟角$\alpha = 60°$。试求晶闸管与续流二极管的电流平均值和有效值。

项目3

三相整流电路的连接与调试

▶ 工作场景

整流器用于交流发电机电源系统中，其作用，一是将发电机产生的交流电变为直流电，以实现向用电设备供电和向蓄电池充电；二是限制蓄电池电流倒流回发电机，保护发电机不被逆向电流烧坏。现发生发电机绕组烧坏现象，初步判断是二极管内部击穿短路，变为普通导体，发电机工作时整流器没有直流输出，从而不能向用电设备供电和向蓄电池充电，同时会使蓄电池电流倒流回发电机造成。请你分析这种说法是否成立。

▶ 能力目标

【知识】

1. 了解三相半波可控整流电路的基本工作原理。

2. 理解集成触发电路的工作原理和调试方法。

3. 掌握三相桥式全控整流电路的工作原理和整流过程。

【技能】

1. 学会三相半波可控整流电路的连接与调试方法。

2. 学会三相桥式全控整流电路的连接与调试方法。

【素养】

1. 全面培养学生的综合技能水平，提高自主学习的积极性。

2. 在教师的引导下，在任务的完成过程中培养学生的探索精神。

任务1 三相半波可控整流电路的连接与调试

▶ 任务描述

按照图3-1与图3-2连接电路，使用双踪示波器观察并记录其产生的波形，分析波形产生的原因。

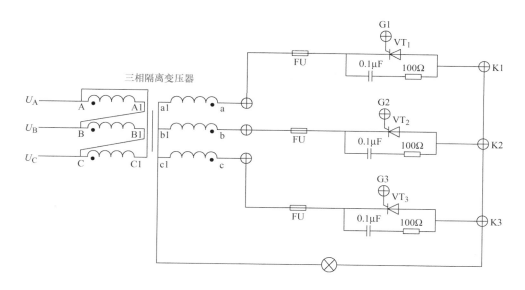

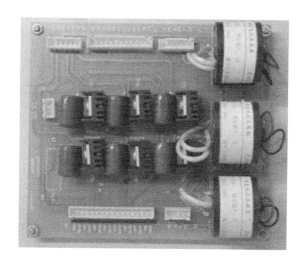

图3-1 三相半波可控整流电路原理图与实物图

任务目标

1. 了解三相半波可控整流电路的基本组成。
2. 理解三相半波可控整流电路的基本工作原理。
3. 掌握三相半波可控整流电路的安装与调试方法。

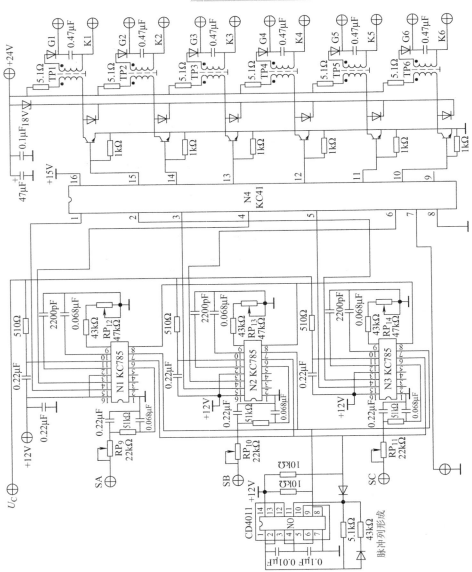

图3-2 三相半波可控整流电路的触发电路原理图与实物图

▶▶ 设备耗材

1. 仪器仪表（图3-3～图3-6）

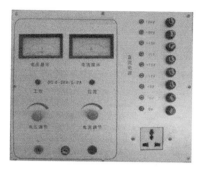

图3-3　电源单元电路

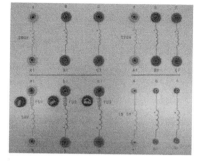

图3-4　三相变压器

图3-5　万用表 MF 47A

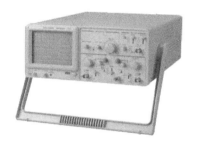

图3-6　双踪示波器

2. 元器件清单（表3-1）

表3-1　三相半波可控整流电路元器件清单

电路名称	序号	元器件名称	型号	数量	电路名称	序号	元器件名称	型号	数量
整流电路	1	电容	0.1μF	3	触发电路	9	电阻器	1kΩ	3
	2	晶闸管	BT151	3		10	电阻器	5.1kΩ	1
	3	电阻器	100Ω	3		11	电阻器	10kΩ	2
	4	熔断器	5A	3		12	电阻器	43kΩ	4
触发电路	1	陶瓷电容	2200pF	3		13	电阻器	51kΩ	3
	2	陶瓷电容	47μF	1		14	电阻器	22kΩ	3
	3	陶瓷电容	0.068μF	6		15	电位器	47kΩ	3
	4	陶瓷电容	0.1μF	1		16	集成电路	KC785	5
	5	陶瓷电容	0.22μF	7		17	二极管	1N4007	14
	6	陶瓷电容	0.47μF	6		18	稳压二极管	18V	1
	7	电阻器	5.1Ω	6		19	晶体管	TIP42C	6
	8	电阻器	510Ω	6		20	变压器	PE2818S-I	6

>> **相关知识**

三相半波可控整流电路

1. 电路的基本组成

电路是由一个三相变压器和三个晶闸管组成的，如图 3-7 所示。其中三相变压器采用三角形/星形的联结方式，三个晶闸管采用共阴极接法（将它们的阴极连接在一起）。

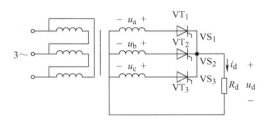

图 3-7　三相半波可控整流电路原理图

2. 电路的工作原理

（1）电路分析要点

晶闸管的导通需要有正向的阳极电压，门极有正向的触发电压，对应的相电压值最大，则该相所对应的晶闸管导通，并使另两相的晶闸管承受反压关断，输出整流电压即为该相的相电压。

（2）不同条件下，一个周期内的电路工作情况

当 $\alpha = 0°$ 时，对于三个晶闸管的门极 VS_1、VS_2、VS_3，在自然换相点 1、2、3 点处由同步六脉冲触发器提供正向触发脉冲触发相应的晶闸管导通。电路的工作情况见表 3-2，其工作波形如图 3-8a 所示。

表 3-2　三相半波可控整流电路工作情况表

工作时间	最高电压	晶闸管状态		输出电压
		导通	截止	
$\omega t_1 \sim \omega t_2$	a 相	VT_1	VT_2、VT_3	$u_d = u_a$
$\omega t_2 \sim \omega t_3$	b 相	VT_2	VT_1、VT_3	$u_d = u_b$
$\omega t_3 \sim \omega t_4$	c 相	VT_3	VT_1、VT_2	$u_d = u_c$

逐步增大触发延迟角 α（即沿时间坐标轴向右移），整流输出电压将逐渐减小，图 3-8b 是 $\alpha = 30°$ 时的波形。从输出电压、电流的波形可看出，在一个周期内的工作过程可分为三个阶段，即 $\omega t_1 \sim \omega t_2$、$\omega t_2 \sim \omega t_3$、$\omega t_3 \sim \omega t_4$。在 $\omega t_1 \sim \omega t_2$ 期间的工作情况如下：

在 ωt_1 时刻，正向触发脉冲触发 a 相晶闸管导通，$u_d = u_a$；

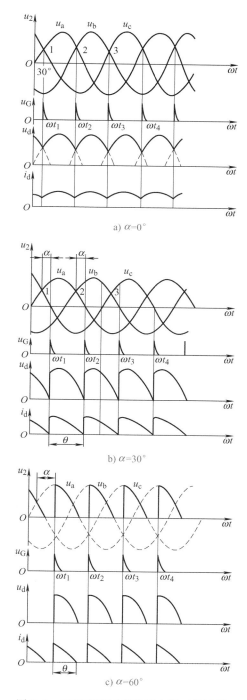

图 3-8   三相半波可控整流电路工作波形

在 ωt_1 和自然换相点 2 期间，a 相晶闸管仍导通，$u_d = u_a$；

在自然换相点 2 和 ωt_2 期间，b 相晶闸管因没有正向触发脉冲而截止，a 相晶闸管继续导通，$u_d = u_a$；

在 ωt_2 时刻，正向触发脉冲触发 b 相晶闸管导通，a 相晶闸管承受反压关断，$u_d = u_b$；

同理可知，在 $\omega t_2 \sim \omega t_3$ 期间，b 相晶闸管导通，$u_d = u_b$；在 $\omega t_3 \sim \omega t_4$ 期间，c 相晶闸管导通，$u_d = u_c$。

继续增大 α，此时当 $\alpha = 60°$ 时，当导通一相的相电压过零变负时，该相晶闸管关断。此时下一相晶闸管虽承受正电压，但它的触发脉冲还未到，不会导通，因此输出电压、电流均为零，直到触发脉冲出现，输出电压、电流才不为零。图 3-8c 为当 $\alpha = 60°$ 时的整流输出电压的波形。

若 α 角继续增大，整流电压将越来越小，$\alpha = 150°$ 时，整流输出电压为零。故电阻性负载时角 α 的移相范围为 $0° \sim 150°$。

3. 有关量的计算公式

（1）整流电压平均值的计算

1）$\alpha = 30°$ 时，负载电流连续，有

$$U_d = 1.17 U_2 \cos\alpha \tag{3-1}$$

当 $\alpha = 0°$ 时，U_d 最大，为

$$U_d = 1.17 U_2 \tag{3-2}$$

2）$\alpha > 30°$ 时，负载电流断续，晶闸管导通角减小，此时有

$$U_d = 0.675 U_2 \left[1 + \cos\left(\frac{\pi}{6} + \alpha\right) \right] \tag{3-3}$$

（2）负载电流平均值为

$$I_d = U_d / R_d \tag{3-4}$$

（3）流过每个晶闸管的平均电流为

$$I_{dVT} = I_d / 3 \tag{3-5}$$

（4）晶闸管承受的最大反向电压为变压器二次线电压峰值

$$U_{RM} = \sqrt{2}\sqrt{3}\, U_2 = 2.45 U_2 \tag{3-6}$$

晶闸管阳极与阴极的最大正向电压等于变压器二次相电压的峰值，即

$$U_{FM} = \sqrt{2}\, U_2 \tag{3-7}$$

>> **任务实施**

一、电源电路的连接与检测

1）按图 3-9 连接三相隔离变压器与三相同步变压器，不接负载，将它们的一侧接上 380V 交流电源，用示波器测量 U_A 填入表 3-3，U_a 和 U_{Sa} 的幅值与波形填入表 3-4 和表 3-5，观察后者是否较前者超前 30°。

2）切断电源，将整流变压器输出 U_a、U_b、U_c 分别接入主电路的 A、B 和 C 输入端。

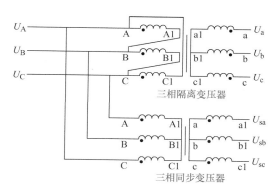

图 3-9 三相隔离变压器与三相同步变压器原理图

表 3-3 交流电源 U_A 的波形图

记录 U_A 波形	示波器
	峰峰值： 频率值：

表 3-4 三相隔离变压器 U_a 的波形图

记录 U_a 波形	示波器
	峰峰值： 频率值：

表 3-5 三相同步变压器 U_{Sa} 的波形图

记录 U_{Sa} 波形	示波器
	峰峰值： 频率值：

二、触发电路的连接与检测

1）触发电路（图 3-2）接上 +12V、+15V 及 +24V 电源，接入同步电压，控制电压 U_c 端接在直流稳压电源上。

2）同频同幅调试。U_c 在 0～8V 间进行调节，先使 U_c 为 4V 左右，用万用表及示波器观测 N1 的 10 脚（锯齿波）及 14 脚的输出（双脉冲列）幅值与波形，分别填入表 3-6 和表 3-7。

3）再以 N1 的锯齿波为基准，调节 RP_{13} 和 RP_{14}，使 N2 和 N3 锯齿波的斜率与 N1 相同（示波器观察）。

4）用万用表及示波器观测 G1～G3、K1～K3 的输出（双脉冲列）幅值与波形。

表 3-6　集成电路 N1 的 10 脚波形图

记录 10 脚波形	示波器
	峰峰值： 频率值：

表 3-7　集成电路 N1 的 14 脚波形图

记录 14 脚波形	示波器
	峰峰值： 频率值：

三、三相半波可控整流电路（图 3-1）的连接与检测

1）若各触发脉冲正确无误，切断电源，将脉冲变压器的输出分别接到对应的六个晶闸管的 G、K 极。

2）合上电源，观测电阻性负载（电灯）上的电压数值与波形，调节 U_c 的大小，使触发延迟角 α 分别为 30°、60°、90° 及 120°，记录电压的平均值与波形，将相关数据填入表 3-8 中。

3）若三个晶闸管中，有1个损坏（设VT_2损坏，除去它的触发脉冲），重新测量U_d的幅值与波形，并由晶闸管的波形去判断该器件是否正常。

表3-8 电阻性负载（电灯）波形图

记录电阻性负载（电灯）波形	示波器
	峰峰值： 频率值：

任务评价

任务评价见表3-9。

表3-9 任务评价表

项目内容	配分	评分标准	扣分	得分
变压器的连接	20分	1. 三相隔离变压器电路连接正确，输出电压正常（7分） 2. 三相同步变压器电路连接正确，输出电压正常（7分） 3. 使用示波器正确记录三相变压器输出的波形（6分）		
触发电路的连接	30分	1. 正确接通电路所需的电源（6分） 2. 正确调试集成电路KC785的输出波形（8分） 3. 正确调试出符合要求的控制电压U_c（6分） 4. 正确调试出符合触发条件的输出脉冲（10分）		
整流电路的连接	40分	1. 按照电路原理正确连接电路（4分） 2. 使用示波器正确记录整流电路输出负载波形（36分）		
安全、文明生产	10分	违反安全文明操作规程（视实际情况进行扣分）		

任务拓展

设计一个三相半波可控整流电路给某机械设备的直流电动机拖动进行供电。其额定功率为5.5kW，额定电压为220V，额定电流为30A，供电相电压为220V。要求起动电流限制在60A，且当负载电流降至3A时电流仍连续，试计算晶闸管额定电压、电流值，并确定晶闸管型号。

任务训练

1. 课堂实践：

（1）试分析三相半波可控整流电路带电阻性负载、$\alpha = 45°$时的工作波形。

（2）三相半波可控整流电路当 α 不断增大时，工作波形将如何变化？α 最大增加到多少？

2. 由学生和教师分别对任务实践进行评价。

任务 2　三相桥式全控整流电路的连接与调试

》》任务描述

按照图 3-10 与图 3-11 连接电路，使用双踪示波器观察并记录其产生的波形，分析波形产生的原因。

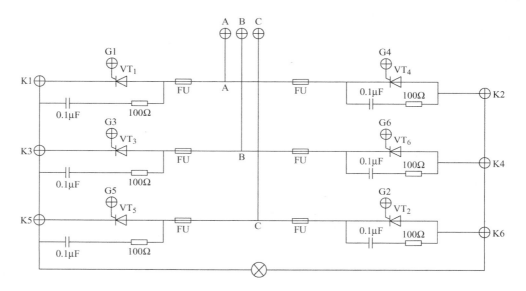

图 3-10　三相桥式全控整流电路原理图与实物图

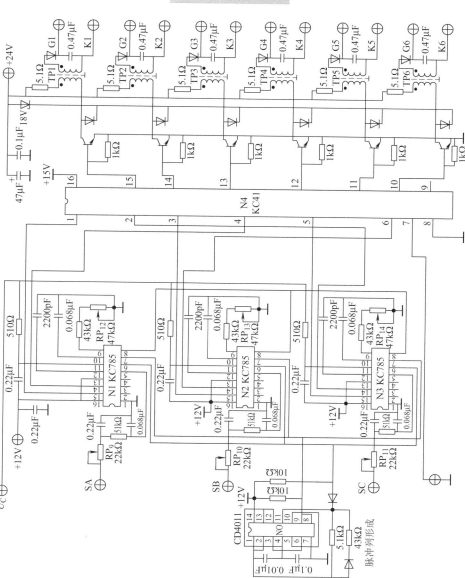

图3-11 三相桥式全控整流电路的触发电路原理图与实物图

任务目标

1. 了解三相桥式全控整流电路的基本工作原理。
2. 理解集成触发电路的工作原理和调试方法。
3. 掌握三相桥式全控整流电路的连接与调试方法。

设备耗材

1. 仪器仪表（图3-12～图3-15）

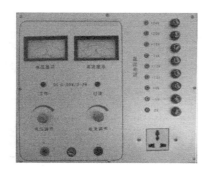

图3-12　电源单元电路

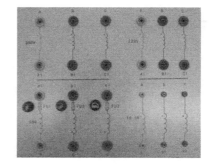

图3-13　三相变压器

图3-14　万用表 MF 47A

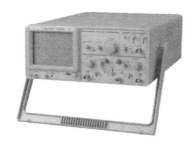

图3-15　双踪示波器

2. 元器件清单（表3-10）

表3-10　三相桥式全控整流电路元器件清单

电路名称	序号	元器件名称	型号	数量	电路名称	序号	元器件名称	型号	数量
整流电路	1	电容	$0.1\mu F$	6	触发电路	3	陶瓷电容	$0.068\mu F$	6
	2	晶闸管	BT151	6		4	陶瓷电容	$0.1\mu F$	1
	3	电阻器	100Ω	6		5	陶瓷电容	$0.22\mu F$	7
	4	熔断器	5A	6		6	陶瓷电容	$0.47\mu F$	6
触发电路	1	陶瓷电容	2200pF	3		7	电阻器	5.1Ω	6
	2	陶瓷电容	$0.01\mu F$	1		8	电阻器	510Ω	3

（续）

电路名称	序号	元器件名称	型号	数量	电路名称	序号	元器件名称	型号	数量
触发电路	9	电阻器	1kΩ	6	触发电路	15	电位器	47kΩ	3
	10	电阻器	5.1kΩ	1		16	集成电路	KC785	5
	11	电阻器	10kΩ	2		17	二极管	1N4007	14
	12	电阻器	43kΩ	4		18	稳压二极管	18V	1
	13	电阻器	51kΩ	3		19	晶体管	TIP42C	6
	14	电位器	22kΩ	3		20	变压器	PE2818S－I	6

>> **相关知识**

三相桥式全控整流电路在工业生产上应用极广，如调压调速直流电源、电解及电镀的直流电源等。它在直流电动机的调速、发电机励磁调节、电解、电镀等领域得到广泛应用。

一、电路的基本组成

电路由 1 个三相变压器和六个晶闸管组成，如图 3-16 所示。三相变压器同样采用三角形/星形的联结方式，将其中阴极连接在一起的三个晶闸管（VT_1、VT_3、VT_5）称为共阴极组；阳极连接在一起的三个晶闸管（VT_4、VT_6、VT_2）称为共阳极组。

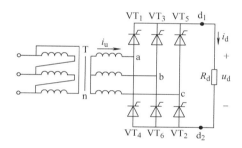

图 3-16 三相桥式全控整流电路原理图

二、电路的工作原理

1. 电路分析要点

在每个时刻均需要两个晶闸管同时导通，形成向负载供电的回路，其中共阴极组中阳极电压最高的晶闸管导通，共阳极组中阴极电压最低的晶闸管导通，不能为同一相的晶闸管。

2. 不同条件下，一个周期内的电路工作情况

为确保电路的正常工作，六个晶闸管的脉冲按 $VT_1 \rightarrow VT_2 \rightarrow VT_3 \rightarrow VT_4 \rightarrow VT_5 \rightarrow VT_6$ 的顺序，相位依次差 60°；共阴极组 VT_1、VT_3、VT_5 的脉冲依次差 120°，共阳极组 VT_4、VT_6、VT_2 也依次差 120°；同一相的上下两个桥臂，即 VT_1 与 VT_4、VT_3 与 VT_6、VT_5 与 VT_2 脉冲相差 180°。触发脉冲常用的是双脉冲触发。即用两个窄脉冲代替宽脉冲，两个窄脉冲的前沿相差 60°，脉宽一般为 20° ~ 30°，称为双脉冲触发。

当 $\alpha = 0°$ 时，可以假设电路中的晶闸管为二极管，电路工作波形如图 3-17 所示。在

$\omega t_1 \sim \omega t_2$ 期间，a 相电压为最大值，在 ωt_1 时刻触发 VT_1，则 VT_1 导通，VT_5 因承受反压而关断，此时形成 VT_1、VT_6 同时导通，电流从 a 相流出，经 VT_1、负载、VT_6 流回 b 相，负载上得到 a、b 线电压 U_{ab}。其他时段的工作情况见表 3-11。

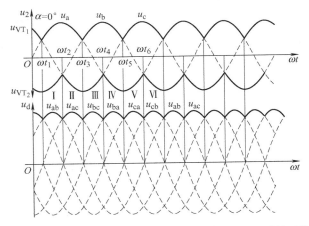

图 3-17 三相桥式全控整流电路带电阻性负载、$\alpha = 0°$ 时的工作波形

表 3-11 三相桥式全控整流电路工作情况表

工作时间	最高正电压	最低负电压	导通晶闸管		负载电流回路	输出电压
			共阳	共阴		
$\omega t_1 \sim \omega t_2$	a 相	b 相	VT_1	VT_6	a 相→VT_1→R_d→VT_6→b 相	$u_d = u_{ab}$
$\omega t_2 \sim \omega t_3$	a 相	c 相	VT_1	VT_2	a 相→VT_1→R_d→VT_2→c 相	$u_d = u_{ac}$
$\omega t_3 \sim \omega t_4$	b 相	c 相	VT_3	VT_2	b 相→VT_3→R_d→VT_2→c 相	$u_d = u_{bc}$
$\omega t_4 \sim \omega t_5$	b 相	a 相	VT_3	VT_4	b 相→VT_3→R_d→VT_4→a 相	$u_d = u_{ba}$
$\omega t_5 \sim \omega t_6$	c 相	a 相	VT_5	VT_4	c 相→VT_5→R_d→VT_4→a 相	$u_d = u_{ca}$
$\omega t_6 \sim \omega t_7$	c 相	b 相	VT_5	VT_6	c 相→VT_5→R_d→VT_6→b 相	$u_d = u_{cb}$

当触发延迟角 α 改变时，电路的工作情况将发生变化。图 3-18 给出了 $\alpha = 30°$ 时的波形。与 $\alpha = 0°$ 时的情况相比，区别在于晶闸管起始导通时刻推迟了 30°，组成 u_d 的每一段线电压也因此推迟 30°，u_d 平均值降低。

α 增大，u_d 波形中每段线电压的波形继续向后移，u_d 平均值继续降低。$\alpha = 60°$ 时，出现了 u_d 为零的点，如图 3-19 所示。

由以上分析可见，当 $\alpha \leqslant 60°$ 时，u_d 波形均连续，由于是电阻性负载，i_d 波形与 u_d 波形的形状一样。

当 $\alpha > 60°$ 时，u_d 波形中每段线电压的波形继续向后移，u_d 为零的部分也增大，u_d 平均值继续降低。如 $\alpha = 90°$ 时电阻性负载情况下的工作波形如图 3-20 所示。此时，u_d 波形每 60° 中有 30° 为零，i_d 波形与 u_d 波形一致，一旦 u_d 降至零，i_d 也降至零，流过晶闸管的电流即降至零，晶闸管关断，输出整流电压 u_d 为零，因此 u_d 波形不能出现负值。

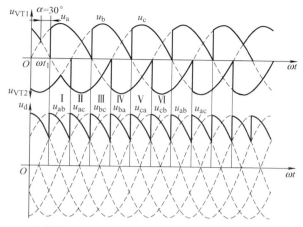

图 3-18 三相桥式全控整流电路带电阻性负载、$\alpha=30°$ 时的工作波形

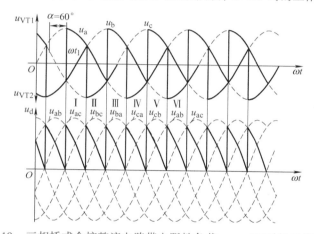

图 3-19 三相桥式全控整流电路带电阻性负载、$\alpha=60°$ 时的工作波形

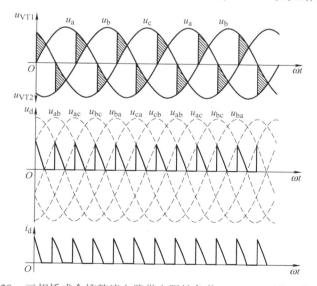

图 3-20 三相桥式全控整流电路带电阻性负载、$\alpha=90°$ 时的工作波形

如果继续增大至120°，整流输出电压 u_d 波形将全为零，其平均值也为零。可见，带电阻性负载时三相桥式全控整流触发延迟角的移相范围是0°~120°。

三、有关量的计算公式

1. 整流电压平均值的计算

1）当 $\alpha \leqslant 60°$ 时，整流输出电压连续时平均值为

$$U_d = 2.34 U_2 \cos\alpha \qquad (3-8)$$

2）当 $\alpha > 60°$ 时，整流输出电压平均值 U_d 有所减小；当 $\alpha = 90°$ 时，$U_d = 0$。

2. 输出电流平均值为

$$I_d = U_d / R_d \qquad (3-9)$$

1）流过每个晶闸管的平均电流为

$$I_{dvt} = I_d / 3 \qquad (3-10)$$

2）晶闸管承受的最大反向电压为

$$U_{RM} = \sqrt{2} \times \sqrt{3} U_2 \approx 2.45 U_2 \qquad (3-11)$$

>> **任务实施**

一、电源电路的连接与检测

1）按图3-21连接三相隔离变压器与三相同步变压器，不接负载，将它们的一侧接上380V交流电源，用示波器测量 U_A 填入表3-12，U_a 和 U_{Sa} 的幅值与波形填入表3-13和表3-14，观察后者是否较前者超前30°。

2）切断电源，将整流变压器输出 U_a、U_b、U_c 分别接入主电路的 A、B 和 C 输入端。

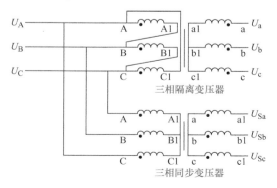

图 3-21　三相隔离变压器与三相同步变压器原理图

表3-12　交流电源 U_A 的波形图

记录 U_A 波形	示波器
	峰峰值： 频率值：

表3-13　三相隔离变压器 U_a 的波形图

记录 U_a 波形	示波器
	峰峰值： 频率值：

表3-14　三相同步变压器 U_{Sa} 的波形图

记录 U_{Sa} 波形	示波器
	峰峰值： 频率值：

二、触发电路的连接与检测

1）触发电路（图3-11）接上 +12V、+15V 及 +24V 电源，接入同步电压，控制电压 U_c 端接在直流稳压电源上。

2）同频同幅调试。U_c 在 0~8V 间进行调节，先使 U_c 为 4V 左右，用万用表及示波器观测 N1 的 10 脚（锯齿波）及 14 脚的输出（双脉冲列）幅值与波形，分别填入表3-15 和表3-16。

3）再以 N1 的锯齿波为基准，调节 RP$_{13}$ 和 RP$_{14}$，使 N2 和 N3 锯齿波的斜率与 N1 相同（用示波器观察）。

4）用万用表及示波器观测 G1～G3、K1～K3 的输出（双脉冲列）幅值与波形。

表 3-15　集成电路 N1 的 10 脚波形图

记录 10 脚波形	示波器
	峰峰值： 频率值：

表 3-16　集成电路 N1 的 14 脚波形图

记录 14 脚波形	示波器
	峰峰值： 频率值：

三、桥式整流电路（图 3-10）的连接与检测

1）若各触发脉冲正确无误，切断电源，将脉冲变压器的输出分别接到对应的六个晶闸管的 G、K 极。

2）合上电源，观测电阻性负载（电灯）上的电压数值与波形，调节 U_c 的大小，使触发延迟角 α 分别为 30°、60°、90° 及 120°，记录电压的平均值与波形，将相关数据及波形填入表 3-17 中。

表 3-17　电阻性负载（电灯）波形图

记录电阻性负载（电灯）波形	示波器
	峰峰值： 频率值：

3）若六个晶闸管中，有一个损坏（设 VT_2 损坏，除去它的触发脉冲），重新测量 U_d 的幅值与波形，并由晶闸管的波形去判断该器件是否正常。

▶▶ 任务评价

任务评价见表3-18。

表3-18　任务评价表

项目内容	配分	评分标准	扣分	得分
变压器的连接	20分	1. 三相隔离变压器电路连接正确，输出电压正常（7分） 2. 三相同步变压器电路连接正确，输出电压正常（7分） 3. 使用示波器正确记录三相变压器输出的波形（6分）		
触发电路的连接	30分	1. 正确接通电路所需的电源（6分） 2. 正确调试集成电路 KC785 的输出波形（8分） 3. 正确调试出符合要求的控制电压 U_c（6分） 4. 正确调试出符合触发条件的输出脉冲（10分）		
整流电路的连接	40分	1. 按照电路原理正确连接电路（4分） 2. 使用示波器正确记录整流电路输出负载波形（36分）		
安全、文明生产	10分	违反安全文明操作规程（视实际情况进行扣分）		

▶▶ 任务拓展

某大型起重机由 60kW、220 V、305A 的直流电动机进行拖动，供电电源电路采用三相桥式全控整流电路。整流变压器一、二次线电压分别为 380 V 和 220 V，要求起动电流限制在 500A。当负载电流降至 10A 时，电流仍保持连续。计算触发延迟角理论上的最小值 α_{min} 及晶闸管的额定参数。

▶▶ 任务训练

1. 课堂实践：

（1）试分析三相桥式全控整流电路带电阻性负载、$\alpha = 45°$ 时的工作波形。

（2）三相桥式全控整流电路当 α 不断增大时，工作波形将如何变化？α 最大增加到多少？

2. 由学生和教师分别对任务实践进行评价。

项 目 小 结

在工业控制系统中，如果需要负载容量较大，或要求直流电压脉动较小，应采用三相整流电路进行供电。三相可控整流电路有三相半波、三相全波、三相桥式全控等多种，三相桥式全控整流电路是应用最为广泛的一种。本项目是以讨论三相半波可控整流电路为基础，然后讨论三相桥式全控整流电路。重点理解三相桥式全控整流电路的电路形式、工作原理，不同触发延迟角下的电压波形及对整流电路工作情况的影响。

思考与练习

1. 在三相半波可控和整流电路中，如果 a 相的触发脉冲消失，试绘出在电阻性负载和电感性负载下整流电压 u_d 的波形。

2. 有两组三相半波可控整流电路，一组是共阴极接法，另一组是共阳极接法，如果它们的触发延迟角都是 60°，那么共阴极组的触发脉冲与共阳极组的触发脉冲对同一相来说，例如都是 a 相，在相位上差多少度？

3. 在三相桥式全控整流电路中，带电阻性负载，如果有 1 个晶闸管不能导通，此时的整流电压 u_d 波形如何？如果有一个晶闸管被击穿而短路，其他晶闸管受什么影响？

4. 三相桥式全控整流电路，$U_2 = 100V$，带阻感性负载，$R = 5\Omega$，L 值极大，当 $\alpha = 60°$时，要求：

（1）画出 u_d、i_d 和 i_{VT1} 的波形；

（2）计算 U_d、I_d、I_{dT} 和 I_{VT}。

5. 在三相半波可控整流电路和三相桥式全控整流电路中，当负载为电阻性负载时，要求晶闸管移相范围分别是多少？

项目4

直流变换电路的连接与检测

▶ 工作场景

把一定形式的直流电压变换成负载所需的直流电压的变流装置叫作直流斩波器。直流斩波器常用于直流牵引变速拖动中，如无轨电车、地铁列车、电动汽车等。直流斩波电路输入的是由蓄电池或不可控整流得到的直流电，经斩波器变压后输出给负载，所以直流斩波器可看作是一个直流变压器或调压器。现有一台直流斩波器出现无法调速的故障，请分析其故障原因。

▶ 能力目标

【知识】

1. 了解直流斩波基本电路。

2. 理解直流斩波电路的工作原理。

3. 掌握直流斩波电路的应用实例。

【技能】

1. 学会IGBT直流斩波电路的连接与调试。

2. 学会IGBT直流斩波电路的测试与分析。

【素养】

1. 培养学生团队合作的意识和自主学习的积极性。

2. 培养学生严谨细致、一丝不苟、实事求是的科学态度和探索精神。

任务　直流斩波电路的连接与检测

▶▶ 任务描述

按照图4-1连接电路。用万用表和示波器测量主电路和脉冲信号电路输出电压的幅值和波形，在主电路电压及脉冲信号电压正常的情况下，接上负载（灯泡）及脉冲输入信号，在不同占空比情况下测量负载电压 U_L 的幅值与波形，并测量IGBT管的 U_{CE} 和 U_{CE} 数值，进行记录；同时学会验证驱动模块EXB841电路的保护功能。

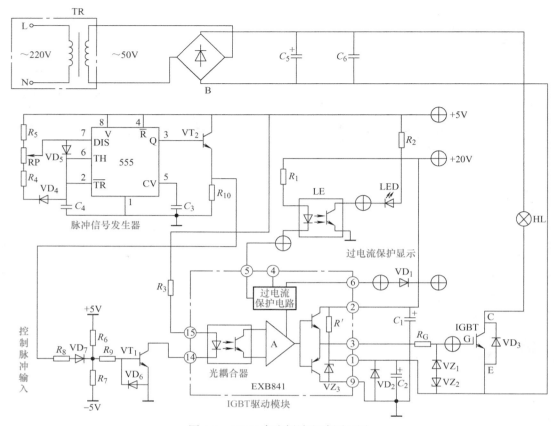

图 4-1 IGBT 直流斩波电路原理图

任务目标

1. 了解直流斩波电路的工作原理。

2. 了解 IGBT 器件的工作特性。

3. 理解 EXB841 电路的驱动与保护原理。

4. 掌握 IGBT 直流斩波电路的连接与测试方法。

设备耗材

1. 仪器仪表（图 4-2 ~ 图 4-5）

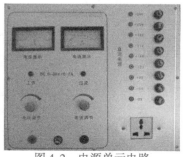

图 4-2　电源单元电路

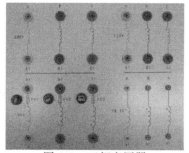

图 4-3　三相变压器

图 4-4　万用表 MF 47A

图 4-5　双踪示波器

2. 元器件清单（表4-1）

表 4-1　直流斩波电路元器件清单

电路名称	序号	元器件名称	型号	数量	电路名称	序号	元器件名称	型号	数量
整流电路	1	变压器	~220V/~50V	1	其他控制电路	1	电阻器	510Ω	6
	2	二极管	1N4007	4		2	电阻器	1kΩ	6
	3	电解电容	100μF/100V	1		3	光耦合器	P521	2
	4	涤纶电容	0.1μF	1		4	集成电路	OP07	1
脉冲信号发生电路	1	电位器	100kΩ	1		5	晶体管	9013	3
	2	电阻器	100kΩ	2		6	晶体管	9012	1
	3	集成电路	NE555	1		7	稳压二极管	6.2V	3
	4	陶瓷电容	0.01μF	2		8	灯泡	~50V	1
	5	二极管	1N4148	2		9	发光二极管	φ6mm/红色	1

▶▶ 相关知识

一、斩波电路的控制原理

直流斩波电路输出电压的调整，是通过控制电力电子开关器件的通断实现的。其控制方式主要有以下几种：

（1）定频调宽式

固定电力电子开关的通断频率（周期），调整一个周期内的导通时间。

（2）定宽调频式

固定一个周期内的导通时间，调整电力电子开关通断频率。

（3）调频调宽式

同时调整电力电子开关的通断频率和一个周期内的导通时间。

图 4-6a 为直流斩波电路的原理示意图。当开关 S 闭合时，负载两端的电压 $u_o = U$；当开关 S 断开时，负载两端电压 $u_o = 0$。通过控制 S 的通断频率或一个周期内的通断时

间，即可使负载电压 u_o 在 $0 \sim U$ 之间变化。

图 4-6b 为定频调宽控制方式时的输出电压波形。开关的控制周期 $T = t_{on} + t_{off}$，t_{on} 为 S 闭合的时间，t_{off} 为 S 断开的时间。若定义一个周期内开关闭合时间所占比例 $K = t_{on}/T$ 为斩波电路的占空比，则调节占空比，即可实现对输出电压的控制。在周期时间一定时，开关闭合时间越长，则占空比越大，输出脉冲宽度越宽，负载电压就越高。

图 4-6c 为定宽调频控制方式下的输出电压波形。在输出脉冲宽度一定时，周期时间越短，占空比越大，负载电压越高。

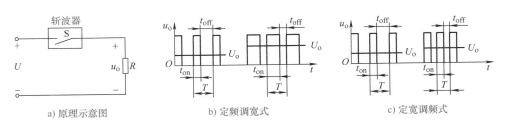

a) 原理示意图   b) 定频调宽式   c) 定宽调频式

图 4-6   直流斩波电路原理与波形图

图中开关 S 是斩波电路中的关键器件，它可用普通晶闸管、门极关断晶闸管或其他自关断电力电子器件构成。若采用普通晶闸管，由于其没有自关断能力，需设置使晶闸管关断的换相电路。采用自关断器件构成的斩波器，省去了换相电路，这样就减少了电路的电能损耗，有利于提高斩波器的频率，其应用将越来越广泛。

二、基本直流斩波电路

常用的直流斩波电路有降压斩波电路、升压斩波电路、升降压斩波电路、库克 (Cuk) 斩波电路等。下面分别介绍其基本电路的工作原理。为了简化分析，假定构成斩波电路的器件具有理想的特性，即电感、电容很大，开关器件为理想开关特性，斩波电路没有电能损耗。

1. 降压斩波电路

图 4-7 为降压斩波电路及其波形。图中采用自关断器件构成电力电子开关 VT（图示为 IGBT）；为了在 VT 关断时给感性负载提供感应电流通路，在电路中接有续流二极管 VD；电感 L 和电容 C 组成低通滤波器，以减少输出电压的波动。稳态时，若电容 C 很大，C 两端电压近似为常数，电容器的平均电流为零，因而负载的平均电流等于电感中的平均电流。如果电感足够大，可使负载电流连续且脉动小。

在电力电子开关 VT 导通期间，电路如图 4-7b 所示。VD 截止，电源向负载供电，斩波器输出电压 $u_o = U$，负载电流 i_o 增大。当 VT 关断时，电路如图 4-7c 所示。负载电流经二极管 VD 续流，负载电压 u_o 近似为零，负载电流减小。下一个周期再重复上述过程，负载上即可得到电压改变的直流电，如图 4-7d 所示。斩波器输出电压的平均值为

$$U_o = \frac{t_{on}}{T}U = KU \tag{4-1}$$

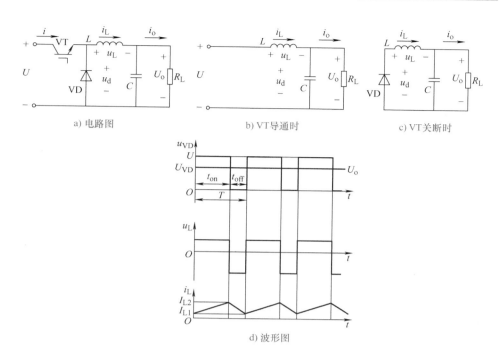

图 4-7　降压斩波电路及其波形

因为负载上得到的直流平均电压低于直流输入电压，故称为降压斩波器。

在稳定工作条件下，VT 导通时，电流 i_L 由最小值 I_{L1} 线性上升至最大值 I_{L2}；VT 关断时，电流 i_L 由最大值 I_{L2} 线性下降至最小值 I_{L1}。考虑到电感电压为

$$u_L = L \frac{di_L}{dt} = L \frac{I_{L2} - I_{L1}}{t_{on}} \tag{4-2}$$

所以在 VT 导通时，负载电压为

$$U_o = U - u_L = U - L \frac{I_{L2} - I_{L1}}{t_{on}} \tag{4-3}$$

VT 关断时，电感储能通过二极管续流，此时负载电压为

$$U_o = -u_L = -L \frac{I_{L1} - I_{L2}}{t_{off}} = L \frac{I_{L2} - I_{L1}}{t_{off}} \tag{4-4}$$

因此负载电压的平均值为

$$U_o = \frac{1}{T} \left[\left(U - L \frac{I_{L2} - I_{L1}}{t_{on}} \right) t_{on} + \left(L \frac{I_{L2} - I_{L1}}{t_{off}} \right) t_{off} \right]$$

$$U_o = \frac{t_{on}}{T} U = KU \tag{4-5}$$

由上式可看出，当斩波电路输入电压不变时，负载电压随占空比线性变化，与其他电路参数无关。负载电流就等于电感电流的平均值，即

$$I_o = I_L = \frac{I_{L1} + I_{L2}}{2} = \frac{U_o}{R_L} \tag{4-6}$$

若忽略电路的功率损耗，则电源提供的功率 P 与负载消耗的功率 P_o 相等，即

$$P = P_o$$

则
$$UI = U_o I_o$$

因此
$$\frac{U}{U_o} = \frac{I_o}{I} = \frac{1}{K} \tag{4-7}$$

由上述分析可知，降压斩波器可看作是一个直流降压变压器，其电压比可通过控制斩波器的占空比 K 连续调节。

如果电路中电感 L 值较小，则可能出现电感电流断续的情况。电感电流连续时，$I_{L1} > 0$；电感电流临界连续时，$I_{L1} = 0$；电感电流断续时，i_L 下降到零后维持零值，直至 VT 再度导通。

图 4-8 所示为电感电流临界连续时，u_L 与 i_L 的波形。此时负载电流的平均值 I_o 与电感电流 I_L 为

$$I_o = I_L = \frac{I_{L1} + I_{L2}}{2} = \frac{I_{L2}}{2} \tag{4-8}$$

根据式（4-2）得

$$I_o = I_L = \frac{I_{L2}}{2} = \frac{t_{on}}{2L}(U - U_o) = \frac{KT}{2L}(U - U_o) \tag{4-9}$$

如果负载电流与电感电流的平均值小于式（4-9）计算出的 I_o 与 I_L 时，i_L 将不再连续。在输入电压 U、周期 T、占空比 K 和电感 L 不变时，适当增大负载电阻可使负载电流的平均值减小到小于式（4-3）的给定值。此时 u_L 与 i_L 的波形如图 4-9 所示，表明电感 L 储能相对较小，不足以维持 VT 在全部关断时间 t_{off} 内负载的耗能要求，使 i_L 出现断续现象。从图中可看出，在 t_{off2} 期间电感电流 $i_L = 0$，已无法向负载提供能量，此时负载由电容 C 提供电能。

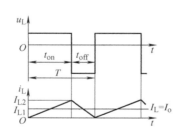

图 4-8　临界连续时的电压、电流波形

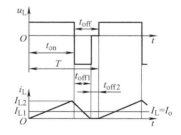

图 4-9　U 不变时电流断续时的电压、电流波形

U 不变时的电流非连续工作状态常用于直流电动机的速度控制。电流非连续工作状态还有电源电压 U 可能变动而保持输出电压 U_o 不变的工作方式。该种方式在直流可调电源中应用较为广泛，其输出电压 U_o 可通过调整占空比 K 使其维持不变，其工作方式与 U 不变时的情况基本相似。

2. 升压斩波电路

图 4-10 为升压斩波电路及其波形。为了实现升压变换，在电力电子开关 VT 与负载之间接有二极管 VD。

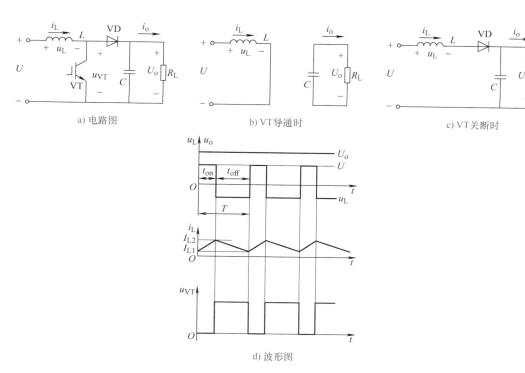

a) 电路图　　　　b) VT 导通时　　　　c) VT 关断时

d) 波形图

图 4-10　升压斩波电路及其波形

当 VT 导通时，等效电路如图 4-10b 所示。二极管 VD 承受电容 C 施加的反向电压截止，电源 U 向电感储能，电流 i_L 增大，同时电容 C 向负载放电，由于 C 值很大，U_o 基本不变。当 VT 关断时，等效电路如图 4-10c 所示。VD 导通，电感释放能量，电流 i_L 减小，电感电压 u_L 改变方向，此时负载电压 U_o 是电源电压 U 与电感电压 u_L 两个电压的叠加。在此过程中，电感 L 储能全部释放给负载和电容 C，因此电流 i_L 减小，U_o 增大。如图 4-10d 所示。由于负载电压高于电源电压，故称为升压斩波电路。

电路工作在稳态时，在一个周期内电感 L 储存的能量与释放的能量相等，即

$$UI_L t_{on} = (U_o - U)I_L t_{off}$$

整理后得

$$UT = U_o t_{off}$$

则负载电压为

$$U_o = \frac{T}{t_{off}}U \tag{4-10}$$

负载电压与电源电压之比为

$$\frac{U_o}{U} = \frac{T}{t_{off}} = \frac{1}{1-K} \tag{4-11}$$

在以上分析中，认为 VT 导通时电容 C 两端电压不变，即负载电压 U_o 不变。实际上，电容 C 值并不是无穷大，因其向负载放电，所以 U_o 会有所下降，但因下降很小，基本可以忽略。如果忽略电路的损耗，则输入功率 P 与输出功率 P_o 相等，所以 $UI =$

U_oI_o，因此

$$\frac{U}{U_o} = \frac{I_o}{I} = 1 - K \qquad (4-12)$$

3. 库克（Cuk）斩波电路

图4-11为库克斩波电路及其波形。电路利用电场储能元件——电容器，实现能量的储存与传递，这种电路可获得稳定的输出电流。电路中的电感 L_1、L_2 用于形成电流源，电容 C_1 为储存和传递能量的储能元件，VD 为续流二极管。

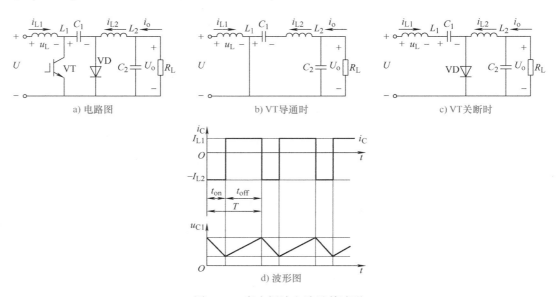

a) 电路图　　　　　b) VT导通时　　　　　c) VT关断时

d) 波形图

图4-11　库克斩波电路及其波形

当 VT 导通时，等效电路如图4-11b 所示。VD 截止，电源经 VT 向电感 L_1 储能，电容器 C_1 通过 VT、L_2 向负载放电，将电场能量释放给负载，u_{C1} 下降。当 VT 关断时，等效电路如图4-11c 所示。VD 导通，电源向 C_1 充电储存能量，u_{C1} 上升；L_2 经 VD 与负载续流，将能量传递给负载。负载电压的极性与电源电压的极性相反，即为下正上负，其波形如图4-11d 所示。

电路稳定工作时，电容 C_1 的电流在一个周期内的平均值为零，则在 VT 导通时，电容 C_1 电流为 i_{L2}，持续时间为 VT 导通的时间 t_{on}；在 VT 关断时，电容 C_1 电流为 i_{L1}，持续时间为 VT 关断的时间 t_{off}。因此

$$I_{L2}t_{on} = I_{L1}t_{off}$$

故可得

$$I_o = I_{L2} = \frac{t_{off}}{t_{on}}I_{L1} = \frac{1-K}{K}I_{L1} \qquad (4-13)$$

忽略电路的电能损耗，则 $UI_{L1} = U_oI_o$，所以

$$U_o = \frac{K}{1-K}U \qquad (4-14)$$

可见，库克斩波电路负载电压与电源电压的关系与升、降压斩波电路完全相同，但其可实现电流源的斩波变换。对直流电压源可串联大电感，转换为电流源后再进行斩波变换。库克斩波电路输出电流平稳，脉动小，适用于要求电流源供电的场合。

三、IGBT 驱动电路

用 IGBT 构成各种变换电路时和其他电力电子器件一样，控制电路的信号一般要通过驱动电路的放大和处理，才能有效和可靠地工作。IGBT 是电压驱动型器件，IGBT 的驱动多采用专用的混合集成驱动器。常用的有三菱公司的 M579 系列（如 57962L 和 M57959L）和富士公司的 EXB 系列（如 EXB840、EXB841、EXBBSO）。同一系列的不同型号，其引脚和接线基本相同，只是适用被驱动器件的容量和开关频率以及输入电流幅值等参数有所不同。图 4-12 给出了 EXB 系列集成驱动器的内部框图。

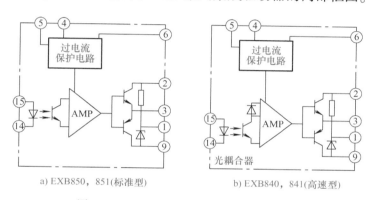

a) EXB850，851(标准型)　　　　b) EXB840，841(高速型)

图 4-12　EXB 系列集成驱动器的内部框图

EXB850（851）为标准型（最大 10kHz 运行），其内部电路框图如图 4-12a 所示。EXB840（841）是高速型（最大 40kHz 运行），其内部电路框图如图 4-12b 所示。它为直插式结构，额定参数和运行条件可参考其使用手册。

EXB 系列驱动器的各引脚功能如下：

脚 1：连接用于反向偏置电源的滤波电容器；

脚 2：电源（+20V）；

脚 3：驱动输出；

脚 4：用于连接外部电容器，以防止过电流保护电路误动作（大多数场合不需要该电容器）；

脚 5：过电流保护输出；

脚 6：集电极电压监视；

脚 7、8：不接；

脚 9：电源（-）；

脚 10、11：不接；

脚 14、15：驱动信号输入（-，+）。

由于本系列驱动器采用具有高隔离电压的光耦合器作为信号隔离，因此能用于交流380V 的动力设备。

IGBT 通常只能承受 10μs 的短路电流，所以必须有快速保护电路。EXB 系列驱动器内设有电流保护电路，根据驱动信号与集电极之间的关系检测过电流，其检测电路如图 4-13a 所示。当集电极电压高时，虽然加入信号也认为存在过电流，但是如果发生过电流，驱动器的低速切断电路就慢速关断 IGBT（＜Ious 的过流不响应），从而保证IGBT 不被损坏。如果以正常速度切断过电流，集电极产生的电压尖脉冲足以破坏 IGBT，关断时的集电极波形如图 4-13b 所示。

IGBT 在开关过程中需要一个 +15V 电压以获得低开启电压，还需要一个 −5V 关栅电压以防止关断时的误动作。这两种电压（+15V 和 −5V）均可由 20V 供电的驱动器内部电路产生，如图 4-13c 所示。

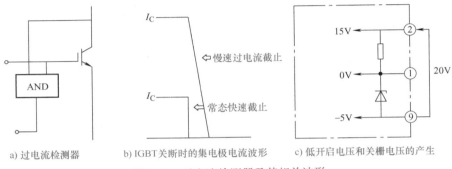

a) 过电流检测器　　　b) IGBT 关断时的集电极电流波形　　　c) 低开启电压和关栅电压的产生

图 4-13　过电流检测器及其相关波形

▶▶ 任务实施

一、直流斩波降压电路的连接与检测

1）按图 4-1 连接好电路，将 +20V、+5V、−5V 接入线路板相应电源插口。注意电压 "+" "−" 极性不可接错。

2）测量各电压的幅值是否正确。

3）用示波器和万用表测量主电路（50V 整流电路）输出电压的幅值和波形，填入表 4-2 中。

表 4-2　记录表

记录主电路输出电压波形	万用表测电压
	输出电压值：

4）调节 RP，用示波器测量脉冲的宽度和幅值，观察它们的变化，并进行记录。

5）在脉冲信号电压及主电路电压（幅值与波形）正常的情况下，接上负载（灯泡）及脉冲输入信号。

6）当占空比为50%时，测量负载平均电压 U_L 的幅值与波形，并测量 IGBT 管的 U_{CE} 和 U_{GE} 数值，填入表4-3中。

表4-3 记录表

记录占空比50%时 U_L 波形	万用表测电压
	U_L 值： U_{CE} 值： U_{GE} 值：

7）当占空比分别为15%、30%、最大（98%）时，重复步骤6），即再测 U_L、U_{CE}、U_{GE} 的数值，分别填入表4-4～表4-6中。

注意：用示波器进行比较测量时，要注意找出两个探头公共端的接线处，否则很容易造成短路。

表4-4 记录表

记录占空比15%时 U_L 波形	万用表测电压
	U_L 值： U_{CE} 值： U_{GE} 值：

表4-5 记录表

记录占空比30%时 U_L 波形	万用表测电压
	U_L 值： U_{CE} 值： U_{GE} 值：

表4-6 记录表

记录占空比98%时 U_L 波形	万用表测电压
	U_L 值： U_{CE} 值： U_{GE} 值：

二、验证驱动模块 EXB841 电路的保护功能

负载电压最高时，将二极管 VD_1 至 IGBT 管集电极的连线断开（设置认为 IGBT 信号过载），观察保护电路工作情况（测量负载电压及 U_{GE}、U_{CE} 电压），并得出结论。

▶▶ **任务评价**

任务评价见表4-7。

表4-7 任务评价表

项目内容	配分	评分标准	扣分	得分
直流斩波降压电路的连接	20分	1. 主电路连接正确，输出电压正常（7分） 2. 脉冲信号电路连接正确，输出信号正常（7分） 3. 负载连接正确（6分）		
示波器测波形	40分	1. 正确测试脉冲信号的波形（8分） 2. 正确测试50%占空比的输出波形（8分） 3. 正确测试15%占空比的输出波形（8分） 4. 正确测试30%占空比的输出波形（8分） 5. 正确测试98%占空比的输出波形（8分）		
万用表测电压	30分	1. 正确测试主电路的电压（6分） 2. 正确测试50%占空比的输出电压（6分） 3. 正确测试15%占空比的输出电压（6分） 4. 正确测试30%占空比的输出电压（6分） 5. 正确测试98%占空比的输出电压（6分）		
安全、文明生产	10分	违反安全文明操作规程（视实际情况进行扣分）		

▶▶ **任务拓展**

在图4-14所示的降压斩波电路中，已知 $E = 200V$，$R = 10\Omega$，L 值极大，$E_m = 30V$，$T = 50\mu s$，$t_{on} = 20\mu s$，计算输出电压平均值 U_o、输出电流平均值 I_o。

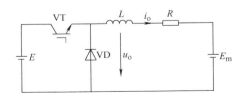

图4-14 降压斩波电路图

>> **任务训练**

1. 课堂实践：

（1）直流斩波电路有哪几种？

（2）简述直流斩波电路的工作原理。

2. 由学生和教师分别对任务实践情况进行评价。

项目小结

本项目主要介绍了斩波的基本概念、直流斩波电路的工作原理、常用直流斩波电路工作过程分析及其实际应用问题。

（1）将一个固定直流电压变为另一个固定直流电压或可调直流电压的电路，称为直流斩波电路或直流斩波器，直流斩波器也可看作是一个直流变压器或直流调压器。

（2）直流斩波电路通过控制电力电子开关的通断实现输出电压的调节，电子开关的控制方式有定频调宽式、定宽调频式和调频调宽式等几种方式。不论采用哪种控制方式，只要调节电子开关在一个周期中导通时间所占的比例，即占空比，就可随意调节斩波电路输出电压的数值，达到调压的目的。

（3）直流基本斩波电路有降压式、升压式和升降压式，它们可得到稳定的输出电压；库克斩波电路可得到稳定的输出电流，可实现电流源的斩波变换，适用于要求电流源的场合。

思考与练习

1. 直流斩波电路有哪几种控制方式？各有什么特点？

2. 开关器件的开关损耗大小与哪些因素有关？

3. 直流斩波器主要有哪几种电路结构？

4. 比较升压斩波电路与库克斩波电路的异同点。

项目5

逆变电路的连接与检测

在生产实践中将直流电能变换成交流电能，这种对应于整流过程的逆向过程称为逆变。一种铁路空调客车逆变器故障诊断系统，下位机对逆变器的数据进行高速采集，得出逆变器输出频谱，上位机检测并显示逆变器运行数据和状态，应用系统对逆变器的运行状态进行数据分析。通过数据分析诊断逆变器的故障原因。

能力目标

【知识】

1. 了解无源逆变电路的基本组成。
2. 理解无源逆变电路的逆变过程。
3. 掌握电压型逆变电路的三种结构及波形。

【技能】

1. 学会无源逆变电路的安装方法。
2. 学会无源逆变电路的调试方法。

【素养】

1. 全面培养学生的综合技能水平，提高自主学习的积极性。
2. 在教师的引导下，在任务的完成过程中培养学生主动探索精神。

任务　无源逆变电路的连接与检测

任务描述

按照图 5-1 连接电路，实物图如图 5-2 所示。使用双踪示波器观察并记录其产生的波形，分析波形产生的原因。

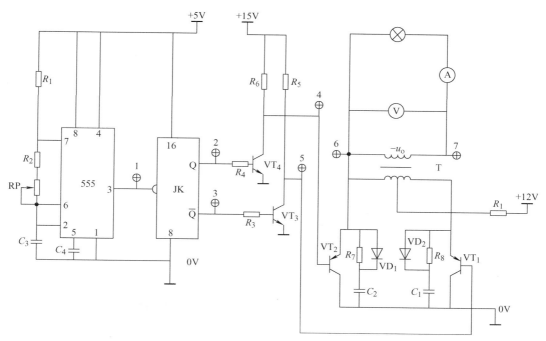

图 5-1　无源逆变电路原理图

图 5-2　无源逆变电路实物图

>> **任务目标**

1. 了解无源逆变电路的基本组成。
2. 理解无源逆变电路的逆变过程。
3. 掌握无源逆变电路的安装与调试方法。

>> **设备耗材**

1. 仪器仪表（图 5-3 ~ 图 5-5）

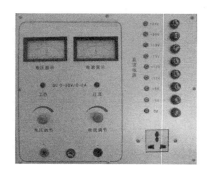

图 5-3 电源单元

图 5-4 万用表 MF 47A

图 5-5 双踪示波器

2. 元器件清单（表 5-1）

表 5-1 无源逆变电路元器件清单

序号	元器件名称	型号	数量	序号	元器件名称	型号	数量
1	二极管	1N4007	2	6	变压器	双 12V/50W	1
2	电容	0.1μF	4	7	电阻器	100Ω、470Ω、2kΩ、1kΩ	各 2
3	晶体管	9013	2	8	集成电路	NE555	1
4	晶体管	9012	2	9	集成电路	74LS76	1
5	电位器	10kΩ	1	10	白炽灯	~24V/12W	1

>> **相关知识**

一、无源逆变电路的工作原理

1. 工作原理

图 5-6a 为单相桥式无源逆变电路示意图。无源逆变是将直流电转换为负载所需的不同频率和电压值的交流电。图 5-6a 中开关 $S_1 \sim S_4$ 构成桥式电路的四个桥臂，U 为直流电源，R 是电阻性负载。当开关 S_1、S_4 闭合，S_2、S_3 断开时，负载电压 u_o 为正；当开关 S_2、S_3 闭合，S_1、S_4 断开时，负载电压 u_o 为负，其波形如图 5-6b 所示。这样，就把直流电变成了交流电，只要改变两组开关的切换频率，即可改变输出端交流电的频率。在切换开关 $S_1 \sim S_4$ 时，电流从 S_1 到 S_2、从 S_4 到 S_3 实现了转移。电流从一个支路转移到另一个支路的过程称为换流或换相。

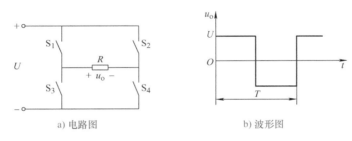

a) 电路图　　　　　　　　　b) 波形图

图 5-6　无源逆变电路示意图及其波形图

2. 换流方式

1）负载换流。由负载提供换流电压称为负载换流。凡是负载电流超前负载电压，且超前时间大于晶闸管关断时间的，即可实现负载换流。例如，当负载是电容性负载或为同步电动机负载过励磁时，均可实现负载换流。

2）电网换流。由电网提供换流电压称为电网换流。例如前面学过的晶闸管变流电路，无论工作在整流状态还是工作在有源逆变状态，都是利用电网电压实现换流的，所以都属于电网换流。没有交流电源的无源逆变电路不能采用电网换流方式。

3）器件换流。利用全控型器件自身具有的自关断能力实现换流称为器件换流。

4）电容换流。在逆变电路中使用电容元件组成换流电路，利用电容储能实现换流称为电容换流。由于利用电容储能，给晶闸管施加反向电压或电流，使晶闸管强迫关断，所以又称为强迫换流。

电容换流有电容电压换流和电容电流换流两种。

图 5-7a 给出了电容电压换流的电路原理图，在晶闸管 VT 处于导通状态时，预先给电容 C 按图 5-7a 中所示极性充电。如果合上开关 S，就可以使晶闸管 VT 两端承受反向电压而关断。

图 5-7b、c 为电容电流换流原理图，该方式又称为电感耦合式强迫换流。晶闸管 VT 处于导通状态时，预先给电容 C 按图中所示的方式充电。在图 5-7b 中，如果合上开关 S，LC 振荡电流流过晶闸管，直到其正向电流为零后再流过二极管 VD。在图 5-7c 的情况下，接通开关 S 后，LC 振荡电流先和负载电流叠加流过晶闸管 VT，经半个振荡周期后，振荡电流反向流过 VT，直到流过 VT 的正向电流减至零以后再流过二极管 VD。这两种情况都在晶闸管的正向电流为零和二极管开始流过电流时晶闸管关断，二极管上的管压降就是加在晶闸管上的反向电压。

在上述四种换流方式中，器件换流只适应于全控型器件，其余三种方式主要是针对晶闸管而言的。

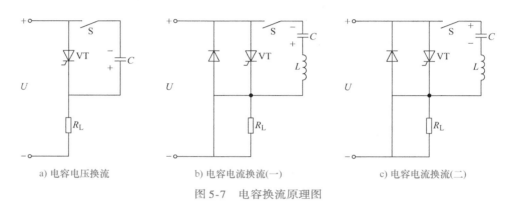

a) 电容电压换流　　　　b) 电容电流换流(一)　　　　c) 电容电流换流(二)

图 5-7　电容换流原理图

二、电压型逆变电路

逆变电路根据直流侧电源性质不同可分为两类：电压型逆变器和电流型逆变器。直流侧是电压源的称为电压型逆变器。

1. 电压型半桥逆变电路

图 5-8a 为半桥逆变电路原理图。电路有两个桥臂，每个桥臂由一个可控器件和一个反并联二极管组成。直流侧接有两个串联的大电容，两个电容器的连接点为直流电源的中点。负载连接在直流电源中点与两个桥臂的连接点之间，当两个桥臂交替工作时，负载得到交变电压和电流。

设电力晶体管 VT_1 和 VT_2 的基极信号交替正偏和反偏，二者互补导通与截止。当负载为感性时，其波形如图 5-8b 所示。输出电压 u_o 为矩形波，其幅值 $U_m = U_d/2$。负载电流 i_o 的波形与负载的阻抗角有关。设 t_2 时刻之前 VT_1 导通、VT_2 截止，电容 C_1 两端电压通过 VT_1 加于负载两端，此时负载电压 u_o 为正，即右正左负。负载电流 i_o 由右向左流动。t_2 时刻给 VT_1 关断信号，给 VT_2 导通信号，则 VT_1 关断。由于感性负载电流 i_o 不能立即改变方向，于是 VD_2 导通续流，电容器 C_2 两端电压通过 VD_2 加于负载两端，方向左正右负，u_o 为负。在 t_3 时刻 i_o 降至零时，VD_2 截止，VT_2 导通，i_o 开始反向。同样，在 t_4 时刻给 VT_2 关断信号，给 VT_1 导通信号后，则 VT_2 关断，VD_1 续流。t_5 时刻 i_o 降至零时，VD_1 截止，VT_1 导通，i_o 反向。

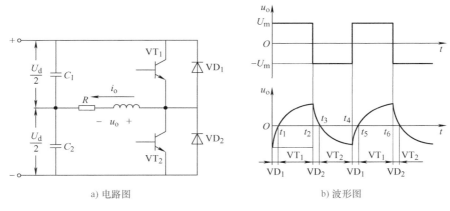

a) 电路图　　　　　　　　　　b) 波形图

图 5-8　半桥逆变电路及波形

当 VT_1 或 VT_2 导通时，负载电流与电压同向，直流电源向负载提供电能；当 VD_1 或 VD_2 导通时，负载电流与电压反向，负载电感中的磁场能量向直流侧反馈，反馈回的能量暂时储存在直流侧电容中，该电容起缓冲这种无功能量的作用。由于 VD_1 和 VD_2 是反馈能量的通道，所以又称反馈二极管。

电路中电力晶体管采用普通晶闸管时，必须增设强迫换流电路（电容器换流电路）才能正常工作。

半桥逆变电路简单、使用器件少，但输出交流电压的幅值仅为直流电源电压的一半。由于采用两个电容串联，工作时需要控制两个电容电压的均衡，所以半桥逆变只用在几千瓦以下的小功率逆变器中。

2. 全桥逆变电路

图 5-9 为全桥逆变电路原理图。电路共有四个桥臂，可看作两个半桥逆变电路的组合。图中电力晶体管 VT_1 和 VT_4 为一组，VT_2 和 VT_3 为一组，同一组的两个晶体管同时导通与截止，两组晶体管交替各导通 180°，其输出电压 u_o 的波形与图 5-8b 所示相同，但其幅值较半波逆变电路高一倍，即 $U_m = U_d$。在负载相同的条件下，负载电流 i_o 的波形也与图 5-8b 所示波形相同，但幅值增加

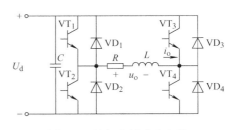

图 5-9　单相全桥逆变电路

一倍。当 VT_1、VT_4 导通时，负载电压 u_o 为正，负载电流 i_o 与电压同向。t_2 时刻 VT_1、VT_4 关断后，VD_2、VD_3 导通续流，维持 i_o 方向不变，此时负载两端电压 u_o 为负。t_3 时刻 i_o 降至零时，VD_2、VD_3 截止，VT_2、VT_3 导通，i_o 开始反向。在 t_4 时刻 VT_2、VT_3 关断，VD_1、VD_4 导通续流，维持 i_o 方向不变。t_5 时刻 i_o 降至零时，VD_1、VD_4 截止，VT_1、VT_4 导通，i_o 反向。如此反复使负载得到交流电压。

全桥逆变电路输出电压基波分量的幅值 U_{1m} 和有效值 U_1 分别为

$$U_{1m} = \frac{4U_d}{\pi} = 1.27U_d \qquad (5-1)$$

$$U_1 = \frac{2\sqrt{2}U_d}{\pi} = 0.9U_d \qquad (5-2)$$

3. 三相桥式逆变电路

图 5-10 为三相桥式逆变电路，电路由三个半桥即六个桥臂组成。实际中，图中电容器可用一个，但为了分析方便画成两个，并标出假想中性点 N′。同一半桥，上、下两个桥臂交替导通，每个桥臂导通角度为 180°。因为每次换流都是在同一相上、下两个桥臂之间进行，所以称为纵向换流。每个管子控制导通的顺序为 VT₁ ~

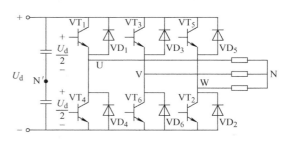

图 5-10 三相桥式逆变电路

VT₆，控制间隔为 60°，所以在任一瞬间将有三个桥臂同时导通。三个导通的桥臂中，可能上面一个桥臂下面两个桥臂、上面两个桥臂下面一个桥臂同时导通。

图 5-10 为三相桥式逆变电路的波形图。对于 U 相来说，当 VT_1 导通时，$u_{UN'} = U_d/2$；当 VT_4 导通时，$u_{UN'} = -U_d/2$。因此，$u_{UN'}$ 是幅值为 $U_d/2$ 的矩形波。

设负载中性点 N 与直流电源假想中性点 N′ 之间的电压为 $u_{NN'}$，则负载的相电压分别为

$$\left.\begin{array}{l} u_{UN} = u_{UN'} - u_{NN'} \\ u_{VN} = u_{VN'} - u_{NN'} \\ u_{WN} = u_{WN'} - u_{NN'} \end{array}\right\} \qquad (5-3)$$

把式 (5-3) 相加并整理可得

$$u_{NN'} = \frac{1}{3}(u_{UN'} + u_{VN'} + u_{WN'}) - \frac{1}{3}(u_{UN} + u_{VN} + u_{WN}) \qquad (5-4)$$

若负载为三相对称负载，则有 $u_{UN'} + u_{VN'} + u_{WN'} = 0$，故

$$u_{NN'} = \frac{1}{3}(u_{UN'} + u_{VN'} + u_{WN'}) \qquad (5-5)$$

$u_{NN'}$ 的波形如图 5-11 所示，也为矩形波，其频率为 $u_{NN'}$ 的三倍，幅值为 $U_d/6$。

三相桥式逆变电路输出线电压 U_{UV} 的有效值为

$$U_{UV} = 0.816U_d \qquad (5-6)$$

它的基波分量有效值 U_{UV1} 为

$$U_{UV1} = \frac{\sqrt{6}}{\pi}U_d = 0.78U_d \qquad (5-7)$$

负载相电压有效值 U_{UN} 为

$$U_{UN} = 0.417U_d \qquad (5-8)$$

它的基波分量有效值 U_{UN1} 为

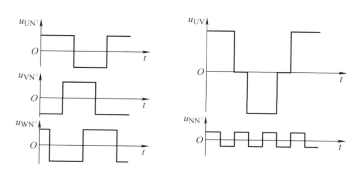

图 5-11　三相桥式逆变电路波形图

$$U_{\mathrm{UN1}} = \frac{U_{\mathrm{UN1m}}}{\sqrt{2}} = 0.45 U_{\mathrm{d}} \tag{5-9}$$

为了防止同一相上、下桥臂的晶体管同时导通造成直流侧电源短路，在换流时应采取"先断后通"的方法。即先关断应关断的开关元件，待其关断后留一定裕量时间，然后再向应导通的开关元件发出导通信号。总之，凡是工作在上、下桥臂通断互补方式下的逆变电路均须采取"先断后通"的方法。

》》任务实施

1）按照图 5-1 连接电路，控制电路接上 +15V 和 +5V 电源，用示波器观测控制电路各点（1、2、3、4 点）电压的数值与波形，填入表 5-2 中。

表 5-2　无源逆变电路测试点（1、2、3、4 点）电压波形

记录测试点 1 电压波形	示波器	记录测试点 2 电压波形	示波器
	峰峰值： 频率值：		峰峰值： 频率值：
记录测试点 3 电压波形	示波器	记录测试点 4 电压波形	示波器
	峰峰值： 频率值：		峰峰值： 频率值：

观察：

① 调节 RP，频率是否连续可调，读出此时频率为多少？频率改变时，脉宽有无变化？

② 2、3 点频率是否是 1 点的一半，2、3 点波形是否正好相反？

③ 4、5 点波形和幅值与 2、3 点是否相同？

2）将主电路中的 +12V 电源、电压表、电流表和负载（白炽灯）全部接上，并将主电路与控制电路接通。

3）用示波器测量负载上的电压波形并填入表 5-3 中，观察逆变电路工作是否正常。

表 5-3 无源逆变电路各测试点（6、7 点）电压波形

记录测试点 6 电压波形	示波器	记录测试点 7 电压波形	示波器
	峰峰值： 频率值：		峰峰值： 频率值：

观察：

① 6、7 点间的电压波形。

② 电压表和电流表读数。

③ 负载（白炽灯）上的电压波形。

4）调节 RP，记录下 RP 为零（$f = f_0$）和 RP 为最大（$f = f_m$）时负载电压 U_o 和逆变电路输入电流 I 的数值与波形。

任务评价

任务评价见表 5-4。

表 5-4 任务评价表

项目内容	配分	评分标准	扣分	得分
逆变电路的连接	90 分	1. 按照电路原理正确连接电路（10 分） 2. 正确调试出符合要求的电压波形（10 分） 3. 正确调试出符合触发条件的输出脉冲（20 分） 4. 使用示波器正确记录逆变电路输出负载波形（50 分）		
安全、文明生产	10 分	违反安全文明操作规程（视实际情况进行扣分）		

>> **任务拓展**

　　用图5-10所示电路为一台三相380V、10kW交流电动机供电。该电动机已工作在额定状态，求直流侧的电压与平均电流值。

>> **任务训练**

　　1. 课堂实践：

　　（1）简述无源逆变电路的工作原理。

　　（2）电压型逆变电路有哪三种？

　　2. 由学生和教师分别对任务实践进行评价。

项目小结

　　本项目主要介绍了逆变的基本概念、无源逆变的工作原理、常用无源逆变电路工作过程分析及其在实践中的应用等问题。

　　（1）将直流电能变换为交流电能的过程称为逆变，完成这一变换任务的电路称为逆变电路。无源逆变是将直流电能变换为频率可调的交流电供负载使用。

　　（2）无源逆变是通过两组开关轮流交替导通，使负载得到正、负交替变化的交流电压和电流。两组开关交替导通的过程称为换流，应用于无源逆变的换流方式有负载换流、电容换流和器件换流。全控型器件的换流十分简单，在逆变领域将取代半控器件。

　　（3）根据直流电源的性质，逆变电路可分为电压型和电流型两种。直流侧是电压源的称为电压型逆变电路，直流侧是电流源的称为电流型逆变电路。电压型逆变电路直流侧均并联有大电容，电流型逆变电路直流侧均串联有大电感。

思考与练习

　　1. 什么是逆变？什么是无源逆变？

　　2. 桥式逆变电路在换流时为什么要采取先断后通的方法？

　　3. 电压型逆变电路分为哪几种？

　　4. 简述全桥逆变电路的工作原理。

　　5. 无源逆变电路有几种换流方式？用全控器件作逆变器的开关器件有何优点？

项目6

交流变换电路的连接与调试

把交流电能的参数（幅值、频率）加以转换的电路叫作交流变换电路，交流变换电路可以分为交流调压电路和交-交变频电路。家用调光器通常都采用双向晶闸管交流调压电路，用于照明灯的亮度调节。现有一台调光器使用中出现的故障是照明灯调光不正常（调不到最亮或最暗或者照明灯的灯光闪烁），请根据故障现象说明故障原因。

能力目标

【知识】

1. 了解三相交流调压电路主电路。
2. 理解电感性负载单相交流调压电路工作原理。
3. 掌握电阻性负载单相交流调压电路工作原理。

【技能】

学会单相交流调压电路的连接与调试方法。

【素养】

1. 全面培养学生的综合技能水平，提高自主学习的积极性。
2. 在教师的引导下，在任务的完成过程中培养学生主动探索精神。

任务 交流调压电路的连接与调试

任务描述

按照图6-1连接电路，使用双踪示波器观察并记录其产生的波形，分析波形产生的原因。

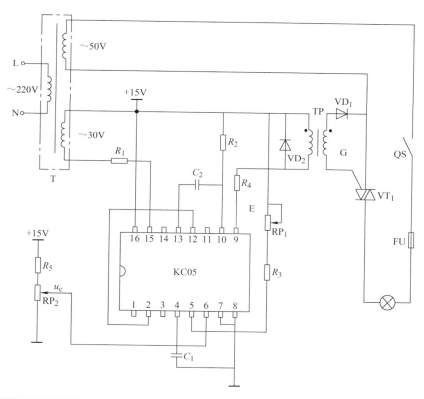

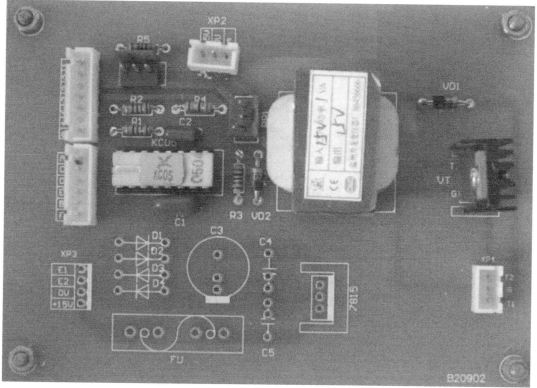

图 6-1 单相交流调压电路原理图与实物图

任务目标

1. 了解集成锯齿波移相触发电路（KC05）的工作原理。
2. 理解 KC05 电路主要工作点波形的特点。
3. 掌握单相交流调压电路的测试与分析方法。

设备耗材

1. 仪器仪表（图 6-2 ~ 图 6-5）

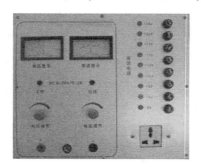

图 6-2　电源单元

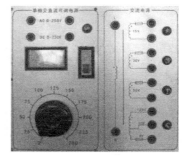

图 6-3　单相变压器

图 6-4　万用表 MF 47A

图 6-5　双踪示波器

2. 元器件清单（表 6-1）

表 6-1　单相交流调压电路元器件清单

序　号	元器件名称	型　号	数　量
1	电容	0.047μF	1
2	电容	0.47μF	1
3	晶闸管	BT136	1
4	电阻器	30kΩ	3
5	电阻器	33Ω	1
6	电阻器	10kΩ	1
7	二极管	1N4007	2
8	集成电路	KC05	1
9	小型变压器	PE2818S－I	1

>> **相关知识**

交流调压电路是维持频率不变，仅改变输出电压幅值的电路。调压电路有单相调压电路和三相交流调压电路之分，它广泛应用于灯光控制、感应电动机调速以及电焊、电镀、交流侧调压等场合。

一、单相交流调压电路

1. 电阻性负载单相交流调压电路

（1）电路的基本组成

图 6-6a 为电阻性负载单相交流调压电路，该电路由一个双向晶闸管和一个电阻组成。其中双向晶闸管也可用两个普通的晶闸管反并联替代。

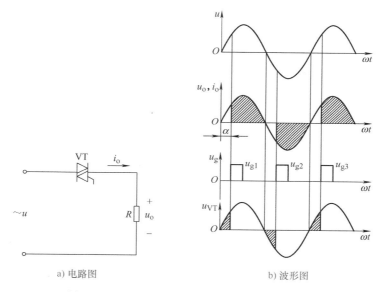

a) 电路图　　　　　　　　b) 波形图

图 6-6　电阻性负载单相交流调压电路及其波形

（2）电路的工作原理

图 6-6b 为电阻性负载单相交流调压电路工作波形。交流电源正半周在 α 角时触发 VT 导通，电流流过负载电阻 R；交流电源电压过零时，电流 $i_o = 0$，VT 自行关断。交流电源负半周在 α 角时，再次触发 VT 导通，电流反方向流过负载电阻 R；电源电压过零时，VT 又自行关断。下个周期重复上述过程，在负载电阻 R 上便得到正、负半周缺角的正弦电压波形。通过改变触发延迟角 α 可得到不同的输出电压有效值。

（3）有关量的计算公式

1）负载上交流电压有效值

$$U_o = U \sqrt{\frac{1}{2\pi}\sin(2\pi) + \frac{\pi - \alpha}{\pi}} \tag{6-1}$$

2）负载电流有效值

$$I_{\mathrm{o}} = \frac{U_{\mathrm{o}}}{R} \tag{6-2}$$

2. 电感性负载单相交流调压电路

（1）电路的基本组成

图6-7为电感性负载单相交流调压电路，该电路由两个晶闸管、电感性负载和一个限流电阻组成。两个普通的晶闸管反并联接在一起，也可以由一个双向晶闸管替代。

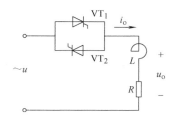

图6-7 电感性负载单相交流调压电路

（2）电路的工作原理

由于电感性负载电路中电流相位滞后于电压，当电源电压由正半周过零时，电流还未到零，晶闸管不能关断，还要继续导通到负半周。此时晶闸管导通角 θ 的大小不仅与触发延迟角 α 有关，而且与负载的阻抗角 φ 有关。为了更好地分析单相交流调压电路在电感性负载下的工作情况，此处分 $\alpha > \varphi$，$\alpha = \varphi$，$\alpha < \varphi$ 三种工况进行讨论，如图6-8所示。

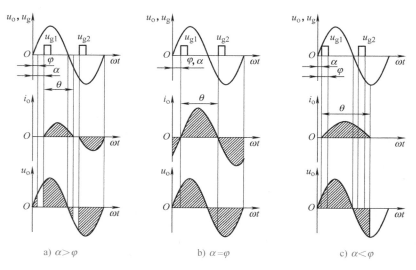

a) $\alpha > \varphi$ b) $\alpha = \varphi$ c) $\alpha < \varphi$

图6-8 电感性负载交流调压电路波形图

1）$\alpha > \varphi$ 情况。在 u_{i} 的正半周 α 角时，VT$_1$ 触发导通，输出电压 u_{o} 等于电源电压，电流波形 i_{o} 从0开始上升。由于是电感性负载，电流 i_{o} 滞后于电压 u_{o}，当电压达到过零点时电流不为0，之后 i_{o} 继续下降，输出电压 u_{o} 出现负值，直到电流下降到0时，VT$_1$

自然关断，输出电压等于 0，正半周结束，期间电流 i_o 从 0 开始上升到再次下降到 0 这段区间称为导通角 θ_0。由后面的分析可知，在 $\alpha > \varphi$ 工况下，$\varphi > 180°$，因此在 VT_2 脉冲到来之前 VT_1 已关断，正负电流不连续。在电源的负半周，VT_2 导通，工作原理与正半周相同，在 i_o 断续期间，晶闸管两端电压波形如图 6-8a 所示。

2）$\alpha = \varphi$ 情况。当 $\alpha = \varphi$ 时，此时两晶闸管轮流导通，在导通的晶闸管电流过零关断时，恰好另一个晶闸管触发导通，正负半周负载电流临界连续，输出电压为电源电压。这时电路失去调压作用，相当于晶闸管失去控制。晶闸管两端电压波形如图 6-8b 所示。

3）$\alpha < \varphi$ 情况。在 $\alpha < \varphi$ 工况下，阻抗角 φ 相对较大，相当于负载的电感作用较强，使得负载电流严重滞后于电压，晶闸管的导通时间较长，如果用窄脉冲触发晶闸管，在 $\alpha = \omega t$ 时刻 VT_1 被触发导通，由于其导通角大于 180°，在负半周 $\omega t = (\pi + \alpha)$ 时刻为 VT_2 发出触发脉冲时，VT_1 还未关断，VT_2 因受反压不能导通，VT_1 继续导通直到在 $\omega t = (\pi + \alpha)$ 时刻因 VT_1 电流过零关断时，VT_2 的窄脉冲 u_{g2} 已撤除，VT_2 仍然不能导通，直到下一周期 VT_1 再次被触发导通。这样就形成只有一个晶闸管反复通断的不正常情况，i_o 始终为单一方向，在电路中产生较大的直流分量；因此为了避免这种情况发生，应采用宽脉冲或脉冲列触发方式。晶闸管两端电压波形如图 6-8c 所示。

二、三相交流调压电路

工业中交流电源多为三相系统，交流电动机也多为三相电动机，适合采用三相交流调压器实现调压。三相交流调压电路与三相负载之间有多种连接方式，图 6-9 所示为星形三相交流调压电路，这是一种最典型、最常用的三相交流调压电路，使它正常工作的条件如下：

1）三相中至少有两相导通才能构成通路，且其中一相为正向晶闸管导通，另一相为反向晶闸管导通。

2）为保证任何情况下的两个晶闸管同时导通，应采用宽度大于 60° 的宽脉冲（列）或双窄脉冲来触发。

3）从 $VT_1 \sim VT_6$ 相邻触发脉冲相位应互差 60°。

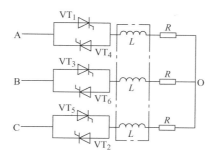

图 6-9　星形三相交流调压电路

>> **任务实施**

1. 整定 KC05 集成触发电路

在 KC05 的 16 脚加上 +15V 电压,在 15、16 脚间加上交流 30V 同步电压,6 脚接在 U_c(RP$_2$ 滑片)上,并接入 +15V 电源。

1)测量 KC05 的 15、16 脚(同步电压)的波形。

2)调节 RP$_2$,使控制电压 U_c 为 4V 左右。

3)测量并记录 9、6 脚的波形并填入表 6-2 中。

表 6-2　触发脉冲 KC05 的 9 脚、6 脚的波形图

记录 KC05 的 9 脚波形	示波器	记录 KC05 的 6 脚波形	示波器
	峰峰值: 频率值:		峰峰值: 频率值:

4)调节 RP$_2$,并观察触发脉冲 KC05 的 10 脚波形是否平移,并记录下 9 脚(触发延迟角)的移相范围。

2. 单相交流调压电路

1)合上开关 QS,接通交流调压主电路。

2)测量电阻性负载上的电压波形。

3)使触发延迟角 α 分别为 $\alpha = 30°$、$\alpha = 90°$、$\alpha = 120°$,测量并记录单相交流调压电阻性负载上的交流电压有效值(用动圈式仪表或数字万用表测量)和电压波形,填入表 6-3 中。

表 6-3　单相交流调压电阻性负载电压波形图

记录电阻性负载电压波形	示波器
	峰峰值: 频率值:

>> **任务评价**

任务评价见表 6-4。

表6-4 任务评价表

项目内容	配分	评分标准	扣分	得分
电路的连接	20分	1. 变压器电路连接正确，输出电压正常（7分） 2. 正确接通电路所需的电源（7分） 3. 使用示波器正确记录变压器输出的波形（6分）		
触发电路的整定	30分	1. 测量KC05的15、16脚（同步电压）的波形（6分） 2. 正确调试出符合要求的控制电压 U_c（6分） 3. 测量并记录9、6脚的波形（8分） 4. 正确调试出符合触发条件的输出脉冲（10分）		
负载电压测量	40分	1. 按照电路原理正确连接电路（4分） 2. 使用示波器正确记录负载输出电压波形（36分）		
安全、文明生产	10分	违反安全文明操作规程（视实际情况进行扣分）		

》》 任务拓展

图6-10为交流调光台灯电路原理图。

交流调光台灯电路的工作原理：该电路是由触发电路和晶闸管 VT 组成的。触发电路由两级 RC 移相网络和双向二极管 VD 构成。当电容 C_1 上的电压达到双向二极管 VD 的正向转折电压时导通，此时负载 R_L 上得到相应的正半波交流电压。在电源电压过零瞬间，晶闸管电流小于维持电流而自动关断。当电源电压 u 为上负下正时，电源对 C_1 反向充电，C_1 上的电压为下正上负。当 C_1 上的电压达到双向二极管 VD 的反向转折电压时，VD 导通，给双向晶闸管的门极施加一个反向触发脉冲 u_g，晶闸管由 VT 向 VD 方向导通，负载 R_L 上得到相应的负半波交流电压。

请根据交流调压电路工作原理分析其工作波形。

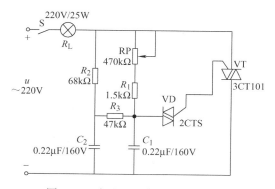

图6-10 交流调光台灯电路原理图

》》 任务训练

1. 课堂实践：

（1）一盏220V/60W的调光台灯由单相交流调压电路供电，现调节触发延迟角 α 使输出电压降低到110V，试求触发延迟角 α 和输出电流（设灯泡电阻不变）。

（2）在正常工作状态下，三相交流调压电路必须满足什么条件？

2. 由学生和教师分别对任务实践进行评价。

项 目 小 结

本项目主要介绍单相、三相交流调压电路的构成、应用与工作原理。

（1）交流调压电路只改变电路的电压和电流，不改变交流电路的频率。通过改变反并联晶闸管或双向晶闸管的触发延迟角 α，就可方便地实现交流调压。当所需功率较大时，采用三相交流调压电路。

（2）当交流调压电路为电感性负载时，若 α 与负载阻抗角 φ 的关系为 $\alpha > \varphi$，负载可得到连续可调的交流电压，但电流随 α 增大，断续现象趋于严重；当 $\alpha = \varphi$ 时，晶闸管工作于全导通状态，电路失去调压作用；当 $\alpha < \varphi$ 时，若脉冲宽度不够则会出现输出波形丢失现象，产生较大的直流分量，引起过电流而损坏设备，所以交流调压电路必须采用宽脉冲或脉冲列触发。

思 考 与 练 习

1. 交流调压电路主要运用于什么样的负载？为什么？

2. 一台 220V、10kW 的电炉，采用晶闸管单相交流调压，现使其工作在 5kW，试求电路的触发延迟角 α、工作电流及电源侧功率因数。

3. 某单相反并联调功电路，采用过零触发，$U_2 = 220$ V，负载电阻 $R = 1\Omega$；在设定的周期 T 内，控制晶闸管导通 0.3s，断开 0.2s。试计算送到电阻性负载上的功率与晶闸管一直导通时所送出的功率。

4. 采用双向晶闸管的交流调压器接三相电阻性负载，如电源线电压为 220V，负载功率为 10kW，试计算流过双向晶闸管的最大电流。如使用反并联连接的普通晶闸管代替双向晶闸管，则流过普通晶闸管的最大有效电流为多大？

5. 试以双向晶闸管设计家用电风扇调压调速实用电路。如手边只有一个普通晶闸管与若干二极管，则电路将如何设计？

项目7

电力电子装置的连接与检测

▶ 工作场景

电力电子电路和特定的控制技术组成的实用装置即为电力电子装置。开关电源就是目前应用最广泛的电力电子装置。现有一块开关电源出现"有输出电压,但输出电压过高"的故障现象,初步判断这种故障一般来自于稳压取样和稳压控制电路。需要对直流输出、取样电阻、误差取样放大器如L431、光耦、电源控制芯片等电路进行故障检查,任何一处出问题就会导致输出电压升高。

▶ 能力目标

【知识】

1. 了解电力晶体管、电力场效应晶体管和IGBT在开关电源中的应用技术。
2. 了解开关稳压电源的基本结构、工作原理和特点。

【技能】

1. 了解开关稳压电源的实际电路结构。
2. 学会使用示波器观测PWM控制的开关稳压电源的各主要工作点的波形。

【素养】

1. 全面培养学生的综合技能水平,提高自主学习的积极性。
2. 在教师的引导下,在任务的完成过程中培养学生主动探索精神。

任务 开关电源的连接与检测

▶ 任务描述

按照图7-1连接电路,实物图如图7-2所示。使用双踪示波器观察并记录其产生的波形,分析波形产生的原因。

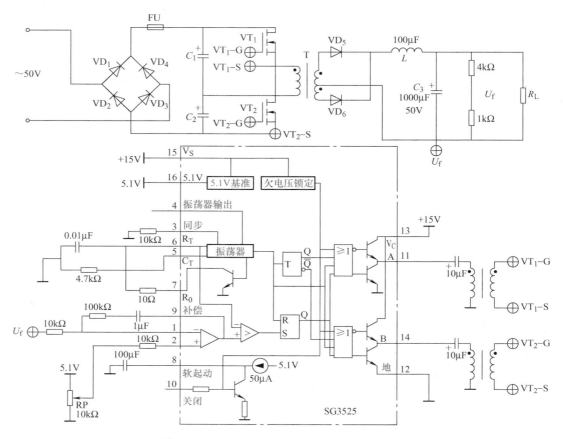

图 7-1　PWM 控制的开关稳压电源电路原理图

图 7-2　PWM 控制的开关稳压电源电路实物图

▶▶ 任务目标

1. 了解 PWM 控制的特点与 PWM 集成电路的整定与调节。
2. 理解由大功率场效应晶体管电路构成的开关稳压电源的工作原理。
3. 掌握开关稳压电源的测试与分析方法。

▶▶ 设备耗材

1. 仪器仪表（图7-3～图7-6）

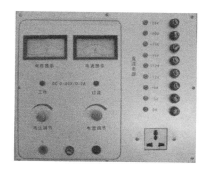

图7-3 电源单元

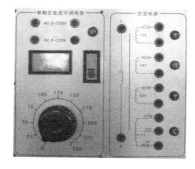

图7-4 单相变压器

图7-5 万用表 MF 47A

图7-6 双踪示波器

2. 元器件清单（表7-1）

表7-1 PWM 控制的开关稳压电源电路元器件清单

序号	元器件名称	型号	数量	序号	元器件名称	型号	数量
1	电容	0.01μF	1	7	电解电容	4700μF/63V	2
2	电容	1μF	1	8	电感器	100μH	1
3	电容	100μF	1	9	场效应晶体管	IRF840	2
4	电解电容	10μF/25V	3	10	电阻器	4kΩ	1
5	电解电容	100μF/50V	1	11	电阻器	1kΩ	1
6	电解电容	1000μF/50V	1	12	电阻器	10Ω	1

（续）

序号	元器件名称	型号	数量	序号	元器件名称	型号	数量
13	电阻器	100Ω	2	18	二极管	1N4007	2
14	电阻器	10kΩ	3	19	二极管	1N5408	4
15	电阻器	4.7kΩ	1	20	集成电路	SG3525	1
16	电阻器	100kΩ	1	21	变压器	PE2818S	3
17	电位器	10kΩ	1				

>> 相关知识

一、开关电源的基本工作原理

1. 线性稳压电源的工作原理及其特点

稳压电源通常分为线性稳压电源和开关稳压电源。

电子技术课程中所介绍的直流稳压电源一般是线性稳压电源，它的特点是起电压调整功能的器件始终工作在线性放大区，其原理框图如图7-7所示，由50Hz工频变压器、整流器、滤波器和串联调整稳压器组成。

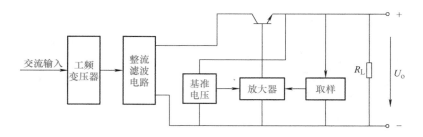

图 7-7　线性稳压电源

它的基本工作原理：工频交流电源经过变压器降压、整流、滤波后成为一个稳定的直流电。图7-7中其余部分是起电压调节、实现稳压作用的控制部分。电源接上负载后，通过取样电路获得输出电压，将此输出电压与基准电压进行比较，如果输出电压小于基准电压，则将误差值经过放大电路放大后送入调节器的输入端，通过调节器调节使输出电压增加，直到与基准值相等；如果输出电压大于基准电压，则通过调节器使输出电压减小。

这种稳压电源具有优良的纹波及动态响应特性，但同时存在以下缺点：

1）输入采用50Hz工频变压器，体积庞大。

2）电压调整器件工作在线性放大区内，损耗大，效率低。

3）过载能力差。

2. 开关稳压电源的工作原理

开关稳压电源简称开关电源（Switching Power Supply）。这种电源中，起电压调整、实现稳压控制功能的器件始终以开关方式工作。图7-8所示为输入输出隔离的开关电源原理框图。

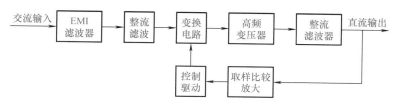

图7-8　开关电源原理框图

主电路的工作原理：50Hz单相交流220V电压或三相交流380V电压首先经EMI防电磁干扰的电源滤波器滤波（这种滤波器主要滤除电源的高次谐波），直接整流滤波（不经过工频变压器降压，滤波电路主要滤除整流后的低频脉动谐波），获得一个直流电压；然后再将此直流电压经变换电路变换为数十或数百千赫的高频方波或准方波电压，通过高频变压器隔离并降压（或升压）后，再经高频整流、滤波电路，最后输出直流电压。

控制电路的工作原理：电源接上负载后，通过取样电路获得其输出电压，将此电压与基准电压做比较后，将其误差值放大，用于控制驱动电路，控制变换器中功率开关管的占空比，使输出电压升高（或降低），以获得一个稳定的输出电压。

3. 开关稳压电源的控制原理

在开关电源中，变换电路起着主要的调节稳压作用，这是通过调节功率开关管的占空比来实现的。设开关管的开关周期为T，在一个周期内导通时间为t_{on}，则占空比定义为$D = \dfrac{t_{on}}{T}$，如图7-9所示。在开关电源中，改变占空比的控制方式有两种，即脉冲宽度调制（PWM）和脉冲频率调制（PWF）。在脉冲宽度控制中，保持开关频率（开关周期T）不变，通过改变t_{on}来改变占空比D，从而达到改变输出电压的目的。即D越大滤波后的输出电压也就越大，D越小滤波后的输出电压越小。

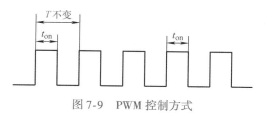

图7-9　PWM控制方式

频率控制方式中，保持导通时间t_{on}不变，通过改变频率（即开关周期T）而达到改变占空比的一种控制方式。由于频率控制方式的工作频率是变化的，造成后续电路滤波器的设计比较困难，因此目前绝大部分的开关电源均采用PWM控制。

4. 开关稳压电源的特点

1）开关稳压电源的优点如下：

① 功耗小、效率高。开关管中的开关器件交替工作在导通-截止-导通的开关状态，转换速度快，这使得功率损耗小，电源的效率可以大幅度提高，可达90%~95%。

② 体积小、重量轻。开关电源效率高，损耗小，可以省去较大体积的散热器；用起隔离作用的高频变压器取代工频变压器，可大大减小体积，降低重量；因为开关频率高，输出滤波电容的容量和体积也可大为减小。

③ 稳压范围宽。开关电源的输出电压由占空比来调节，输入电压的变化可以通过占空比的大小来补偿。这样，在工频电网电压变化较大时仍能保证有较稳定的输出电压。

④ 电路形式灵活多样。设计者可以发挥各种类型电路的特长，设计出能满足不同应用场合的开关电源。

2）开关电源的缺点主要是存在开关噪声干扰。

在开关电源中，开关器件工作在开关状态时，所产生的交流电压和电流会通过电路中的其他元器件产生尖峰干扰和谐振干扰。对这些干扰如果不采取一定的措施进行抑制、消除和屏蔽，就会严重影响整机正常工作。此外，这些干扰还会串入工频电网，使电网附近的其他电子仪器、设备和家用电器受到干扰。因此，设计开关电源时必须采取合理的措施来抑制其本身产生的干扰。

二、隔离式高频变换电路

在开关稳压电源的主电路中，调频变换电路是核心部分，其电路形式多种多样，下面介绍输入输出隔离的开关电源常用的几种高频变换电路的结构和工作原理。

1. 正激式变换电路

正激式变换电路，是指开关电源中的变换器不仅起着调节输出电压使其稳定的作用，还作为振荡器产生恒定周期 T 的方波，后续电路中的脉冲变压器也具有振荡器的作用。

该电路的结构如图 7-10a 所示。工频交流电源通过电源滤波器、整流滤波器后转换成该图中所示的直流电压 U_i；VT_1 为功率开关管，多为绝缘栅双极型晶体管 IGBT（其基极的驱动电路图中未画出）；T 为高频变压器；L 和 C 组成 LC 滤波器；二极管 VD_1 为半波整流器件，VD_2 为续流二极管；R_L 为负载电路；U_o 为输出稳定的直流电压。

当控制电路使 VT_1 导通时，变压器一次、二次侧均有电压输出且电压方向与图示参考方向一致，所以二极管 VD_1 导通，VD_2 截止，此时电源经变压器耦合向负载传输能量，负载上获得电压，滤波电感 L 储能。

当控制电路使 VT_1 截止时，变压器一次、二次侧输出电压为零。此时，变压器一次侧在 VT_1 导通时储存的能量经过线圈 N_3 和二极管 VD_3 反送回电源。变压器的二次侧由于输出电压为零，所以二极管 VD_1 截止，电感 L 通过二极管 VD_2 续流并向负载释放能量，由于电容 C 的滤波作用，此时负载上所获得的电压保持不变，其输出电压为

$$U_o = \frac{N_2}{N_1} D U_i = k D U_i$$

式中，k 为变压器的变压比；D 为方波的占空比；N_1、N_2 分别为变压器一次、二次绕组的匝数。由上式可看出，输出电压 U_o 仅由电源电压 U_i 和占空比 D 决定。

这种电路适合的功率范围为数瓦至数千瓦，其波形如图 7-10b、c 所示。

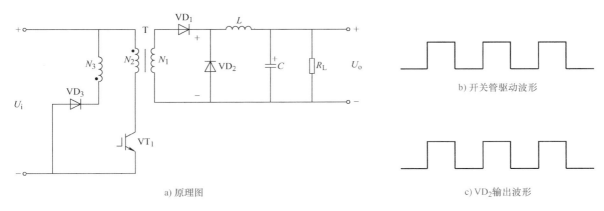

a) 原理图

b) 开关管驱动波形

c) VD$_2$输出波形

图 7-10　正激式变换电路

2. 半桥变换电路

半桥变换电路又可称为半桥逆变电路，如图 7-11a 所示。工频交流电源通过电源滤波器、整流滤波器后转换成图中所示的直流电压 U_i；VT$_1$、VT$_2$ 为功率开关管 IGBT；T 为高频变压器，L 和 C_3 组成 LC 滤波器；二极管 VD$_3$、VD$_4$ 组成全波整流器件。

半桥变换电路的工作原理：两个输入电容 C_1、C_2 的容量相同，其中 A 点的电压 U_A 是输入电压 U_i 的一半，即有 $U_{C1} = U_{C2} = \dfrac{U_i}{2}$。开关管 VT$_1$ 和 VT$_2$ 的驱动信号分别为 u_{g1} 和 u_{g2}，由控制电路产生两个互为反相的 PWM 信号，如图 7-11b 所示。当 u_{g1} 为高电平时，u_{g2} 为低电平，VT$_1$ 导通，VT$_2$ 关断。电容 C_1 两端的电压通过 VD$_1$ 施加在高频变压器的一次侧，此时 $u_{VT1} = \dfrac{U_i}{2}$，在 VT$_1$ 和 VT$_2$ 共同关断期间，一次绕组上的电压为零，即 $u_{VT1} = 0$。当 u_{g2} 为高电平期间，VT$_2$ 导通，VT$_1$ 关断，电容 C_2 两端的电压施加在高频变压器的一次侧，此时，$u_{VT1} = -\dfrac{U_i}{2}$，其波形如图 7-11b 所示。可以看出：在一个开关周期 T 内，变压器上的电压分别为正、负、零值，这一点与正激变换电路不同。为了防止开关管 VT$_1$、VT$_2$ 同时导通造成电源短路，驱动信号 u_{g1} 和 u_{g2} 之间必须具有一定的死区时间，即二者同时为零的时间。

当 $u_{VT1} = \dfrac{U_i}{2}$ 时，变压器二次侧所接二极管 VD$_3$ 导通，VD$_4$ 截止，整流输出电压的方向与图示 U_o 方向相同；当 $u_{VT1} = -\dfrac{U_i}{2}$ 时，二极管 VD$_4$ 导通，VD$_3$ 截止，整流输出电压的方向也与图示 U_o 方向相同；在二极管 VD$_3$、VD$_4$ 导通期间，电感 L 开始储能。在开关管

VT$_1$、VT$_2$ 同时截止期间，虽然变压器二次电压为零，但此时电感 L 释放能量，又由于电容 C$_3$ 的作用使输出电压恒定不变。

半桥变换电路的特点为，在一个开关周期 T 内，前半个周期流过高频变压器的电流与后半个周期流过的电流大小相等，方向相反，因此变压器的磁心工作在磁滞回线 B－H 的两端，磁心得到充分利用。在一个开关管导通时，处于截止状态的另一个开关管所承受的电压与输入电压相等，开关管由导通转为关断的瞬间，漏感引起的尖峰电压被二极管 VD$_1$ 或 VD$_2$ 钳位，因此开关管所承受的电压绝对不会超过输入电压，二极管 VD$_1$、VD$_2$ 还作为续流二极管具有续流作用，施加在高频变压器上的电压只是输入电压的一半。欲得到与下面将介绍的全桥变换电路相同的输出功率，开关管必须流过两倍的电流，因此半桥式电路是通过降压扩流来实现大功率输出的。另外，驱动信号 u_{g1} 和 u_{g2} 需要彼此隔离的 PWM 信号。

半桥变换电路适用于数百瓦至数千瓦的开关电源。

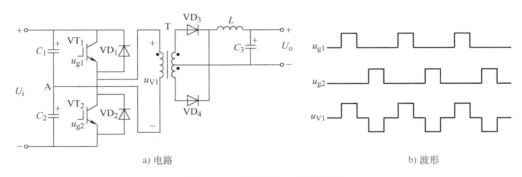

a) 电路　　　　　　　　　　　　　　　　　　b) 波形

图 7-11　半桥变换电路及波形

3. 全桥变换电路

将半桥变换电路中的两个电解电容 C$_1$ 和 C$_2$ 换成另外两只开关管，并配上相应的驱动电路即可组成图 7-12 所示的全桥变换电路。

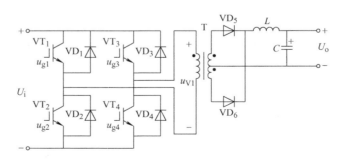

图 7-12　全桥变换电路

驱动信号 u_{g1} 与 u_{g4} 相同，u_{g2} 与 u_{g3} 相同，而且 u_{g1}、u_{g4} 与 u_{g2}、u_{g3} 互为反相。其工作原理如下：

当 u_{g1} 与 u_{g4} 为高电平，u_{g2} 与 u_{g3} 为低电平时，开关管 VT$_1$ 和 VT$_4$ 导通，VT$_2$ 和 VT$_3$ 关断，电源电压通过 VT$_1$ 和 VT$_4$ 施加在高频变压器的一次侧，此时变压器一次电压为 $u_{VT1} = U_i$。当 u_{g1} 与 u_{g4} 为低电平，u_{g2} 与 u_{g3} 为高电平时，开关管 VT$_2$、VT$_3$ 导通，VT$_1$、VT$_4$ 关断，变压器一次电压为 $u_{VT1} = -U_i$。与半桥变换电路相比，一次绕组上的电压增加了一倍，而每个开关管的耐压仍为输入电压。

图 7-12 中变压器一次侧所接二极管 VD$_5$、VD$_6$ 为整流二极管，实现全波整流，电感 L、电容 C 组成 LC 滤波电路，实现对整流输出电压的滤波。

开关管 VT$_1$、VT$_2$、VT$_3$ 和 VT$_4$ 的集电极与发射极之间反接有钳位二极管 VD$_1$、VD$_2$、VD$_3$ 和 VD$_4$，由于这些钳位二极管的作用，当开关管从导通到截止时，变压器一次侧磁化电流的能量以及漏感储能引起的尖峰电压的最高值不会超过电源电压 U_i，同时还可将磁化电流的能量反馈给电源，从而提高整机的效率。全桥变换电路适用于数百瓦至数千瓦的开关电源。

除了上述变换电路外，常用的隔离型高频电路还有反激型变换电路、推挽型变换电路和双正激型变换电路。

>> 任务实施

1）按照图 7-1 接通控制电路电源，用示波器分别观察锯齿波和 A、B 两路 PWM 信号的波形，将波形、频率和幅值记入表 7-2 中。

表 7-2 PWM 信号的波形图

记录 PWM 信号的波形	示波器
	峰峰值： 频率值：

2）接通主电路电源，分别观察两个 MOSFET 的栅源电压 U_{GS} 波形和漏源电压 U_{DS} 波形，将波形、周期、脉宽和幅值记入表 7-3 中。

表 7-3 MOSFET 的栅源电压 U_{GS} 波形和漏源电压 U_{DS} 的波形图

记录栅源电压 U_{GS} 波形	示波器	记录漏源电压 U_{DS} 波形	示波器
	峰峰值： 频率值：		峰峰值： 频率值：

3）接上电阻性负载（$R_L = 3\Omega$ 及 $R_L = 200\Omega$），调节电位器 RP，使输出电压 U_o 为 0、$U_{om}/4$、$U_{om}/2$、$2U_{om}/3$ 及 U_{om} 五个档次（U_{om} 为输出最大直流电压）。记录不同负载、不同输出电压下的电压波形、周期与幅值，填入表 7-4 中。

表 7-4　电阻性负载波形图

记录电阻性负载波形	示波器
	峰峰值： 频率值：

任务评价

任务评价见表 7-5。

表 7-5　任务评价表

项目内容	配分	评分标准	扣分	得分
电路的连接	20 分	1. 变压器电路连接正确，输出电压正常（7 分） 2. 正确接通电路所需的电源（7 分） 3. 使用示波器正确记录变压器输出的波形（6 分）		
PWM 控制电路	30 分	1. 连接 SG3525 外围电路（6 分） 2. 正确调节 RP（输出方波脉冲的占空比），调试出符合要求的控制电压（6 分） 3. 测量并记录 A、B 两路 PWM 信号的波形（10 分） 4. 测量并记录 U_{GS} 和 U_{DS} 波形（8 分）		
负载电压测量	40 分	1. 按照电路原理正确连接负载（4 分） 2. 使用示波器正确观察记录输出电压波形（36 分）		
安全、文明生产	10 分	违反安全文明操作规程（视实际情况进行扣分）		

任务拓展

图 7-13 给出了由开关电源构成的电力系统用直流操作电源的电路原理图，其中图 7-13a 为主电路，图 7-13b 为控制电路。主电路采用半桥变换电路，额定输出直流电压为 220V，输出电流为 10A，它包含图 7-8 中所有的基本功能模块。下面简单介绍各功能模块的具体电路。

1. 交流进线 EMI 滤波器

电磁干扰 EMI 为英文 Electro Magnetic Interference 的缩写。为了防止开关电源产生的

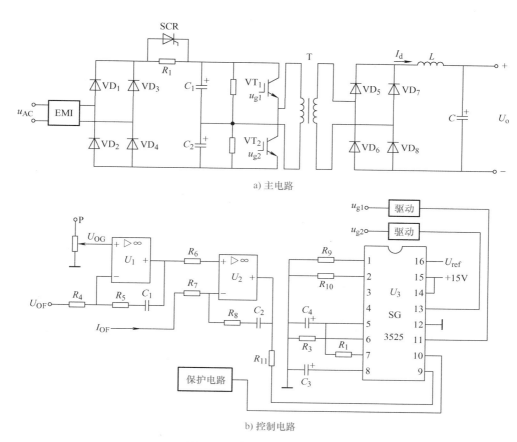

a) 主电路

b) 控制电路

图 7-13　直流操作电源电路

噪声进入电网或者防止电网的噪声进入开关电源内部，干扰开关电源的正常工作，必须在开关电源的输入端施加 EMI 滤波器。有时又称此滤波器为电源滤波器，用于滤除电源输入输出中的高频噪声（150kHz ~ 30MHz）。图 7-14 给出了一种常用的高性能 EMI 滤波器，该滤波器能同时抑制共模和差模干扰信号。

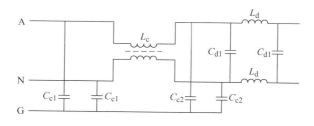

图 7-14　交流进线 EMI 滤波器

图 7-14 中，A、N 间为电源的相电压，G 为电源的接地线。C_{c1}、C_{c2} 和 L_c 构成的低通滤波器用来抑制共模干扰信号。所谓共模干扰信号，通常是指与电源电压并联且极性相同的干扰信号。由于电源干扰信号的频率远大于工频 50Hz，因此它们通过电容 C_{c1}、C_{c2} 接地消除干扰。

图 7-14 中 L_c 为磁心电感，它与普通电感相比具有体积小、电感值大的特点，在此电路中称为共模电感，其两组线圈的匝数相等，绕向相反。共模干扰信号的极性相同，在 L_c 上产生很大的阻抗，从而抑制了共模信号进入后续整流电路。对于极性相反，串接在电源内的差模干扰信号，L_c 产生的阻抗为零，则由 C_{d1}、L_d 组成的低通滤波器来抑制干扰信号。

2. 起动浪涌抑制电路

开启电源时，由于将对滤波电容 C_{c1} 和 C_{c2} 充电，接通电源瞬间电容相当于短路，因而会产生很大的浪涌电流，其大小取决于起动时的交流电压的相位和输入滤波器的阻抗。抑制起动浪涌电流最简单的办法是在整流桥的直流侧和滤波电容之间串联具有负温度系数的热敏电阻。起动时电阻处于冷态，呈现较大的电阻，从而可抑制起动电流。起动后，电阻温度升高，阻值降低，以保证电源具有较高的效率。虽然起动后电阻已较小，但电阻在电源工作的过程中仍具有一定的损耗，降低了电源的效率，因此该方法只适合小功率电源。

对于大功率电路，将上述热敏电阻换成普通电阻，同时在电阻的两端并接晶闸管，电源起动时晶闸管关断，由电阻限制起动浪涌电流。滤波电容的充电过程完成后，触发晶闸管，使之导通，从而既达到了短接电阻降低损耗的目的，又可限制起动浪涌电流。

3. 输出控制电路

控制电路是开关电源的核心，它决定开关电源的动态稳定性。该开关电源采用双闭环控制方式，如图 7-15 所示。电压环为外环控制，起着稳定输出电压的作用。电流环为内环控制，起稳定输出电流的作用。交流电源经过电源滤波、整流再次滤波后得到电压的给定信号 U_{OG}，输出电压经过取样电路获得一个反馈电压 U_{OF}。U_{OF} 通过反馈电路送到给定端与给定信号 U_{OG} 比较，其误差信号经 PI 电压调节器调节后形成输出电感电流的给定信号 I_{OG}。将 I_{OG} 与电感电流的反馈信号 I_{OF} 比较，其误差信号经 PI 电流调节器（比例积分调节器）调节后送入 PWM 控制器 SG3525，然后与控制器内部三角波比较形成 PWM 信号，该信号再通过驱动电路去驱动变换电路中的 IGBT。

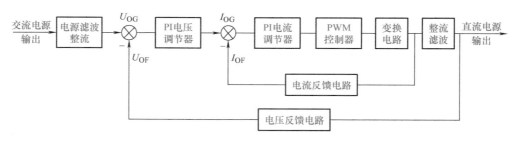

图 7-15　直流开关电源控制系统原理框图

如果输出电压因种种原因在给定电压没有改变的情况下有所降低，即反馈电压 U_{OF} 小于给定电压 U_{OG}，则电压调节器将误差放大后使输出电压升高，即电感给定电流 I_{OG} 增大。电感给定电流增大又导致电流调节器的输出电压增大，使得 PWM 信号的占空比增大，最后达到增大输出电压的目的。当输出电压达到给定电压所要求的值时，调节器停止调节，输出电压稳定在所要求的值。

4. SG3525 的引脚功能

SG3525 系列开关电源 PWM 控制集成电路工作性能好，外部元器件用量小，适用于各种开关电源。图 7-16 给出了 SG3525 的内部结构，其引脚功能如下：

① 脚：误差放大器的反相输入端。

② 脚：误差放大器的同相输入端。

③ 脚：同步信号输入端，同步脉冲的频率应比振荡器频率 f_s 要低一些。

④ 脚：振荡器输出。

⑤ 脚：振荡器外接定时电阻 R_T 端，R_T 值为 2 ~ 150kΩ。

⑥ 脚：振荡器外接电容 C_T 端，振荡器频率 $f_s = \dfrac{1}{C_T(0.7R_T + 3R_0)}$，$R_0$ 为⑤脚与⑦脚之间跨接的电阻，用来调节死区时间，定时电容范围为 0.001 ~ 0.1μF。

⑦ 脚：振荡器放电端，用外接电阻来控制死区时间，电阻范围为 0 ~ 500Ω。

⑧ 脚：软起动端，外接软起动电容，该电容由内部 U_{ref} 的 50μA 恒流源充电。

⑨ 脚：误差放大器的输出端。

⑩ 脚：PWM 信号封锁端，当该脚为高电平时输出驱动脉冲信号被封锁。该脚主要用于故障保护。

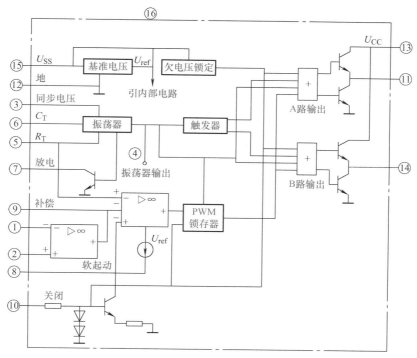

图 7-16 SG3525 内部结构框图

⑪脚：A 路驱动信号输出。

⑫脚：接地。

⑬脚：输出集电极电压。

⑭脚：B 路驱动信号输出。

⑮脚：电源，其范围为 8～35V。

⑯脚：内部 +5V 基准电压输出。

>> **任务训练**

1. 课堂实践：

（1）开关电源由哪几部分组成？

（2）开关电源中，开关管的开关周期为 T，在一个周期内导通时间为 t_{on}，则占空比如何计算？

2. 由学生和教师分别对任务实践进行评价。

项 目 小 结

开关稳压电源中，起电压调整、实现稳压控制功能的器件始终以开关方式工作。控制方式多采用脉冲宽度调制（PWM）方式，具有功耗小、效率高、体积小、重量轻、开关频率高、稳压范围宽、电路形式灵活多样的优点。开关电源的缺点是存在开关噪声干扰。

思 考 与 练 习

1. 什么是脉冲宽度调制（PWM）控制技术？

2. 试说明 PWM 控制的基本原理。

3. 稳压电源通常分为哪两种？各有什么特点？

4. 开关稳压电源有哪些优缺点？

附录

综合实训

综合实训 1　单结晶体管触发调光电路的安装与调试

一、实训目的

1. 了解单结晶体管触发调光电路的基本构成。
2. 理解单结晶体管触发调光电路的调光原理。
3. 掌握单结晶体管触发调光电路的安装与调试方法。

二、实训器材

1. 实训仪器及工具

万用表（MF 47A）1 块、双踪示波器一台、尖嘴钳 1 把、斜口钳 1 把、镊子 1 把。

2. 实训器件

电路板；电力电子元器件；导线若干。

三、实训原理

1. 电路原理图（附图 1）

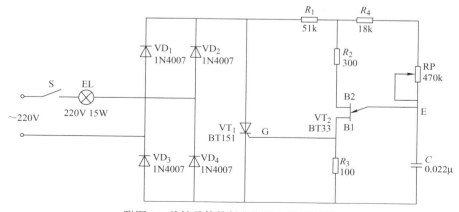

附图 1　单结晶体管触发调光电路原理图

2. 工作原理

单结晶体管触发调光电路可使灯泡两端的电压在几十伏至 200V 范围内变化，调光作用明显。

VT_2、R_2、R_3、R_4、RP、C 组成单结晶体管的张弛振荡器。在接通电源前，电容 C 上电压为零；接通电源后，电容经由 R_4、RP 充电使电压 U_e 逐渐升高。当 U_e 达到峰点电压时 E－B1 间变成导通，电容上电压经 E－B1 向电阻 R_3 放电，在 R_3 上输出一个脉冲电压。由于 R_4，RP 的电阻值较大，当电容上的电压降到谷点电压时，经由 R_4、RP 供给的电流小于谷点电流，不能满足导通要求，于是单结晶体管恢复阻断状态。此后，电容又重新充电，重复上述过程，结果在电容上形成锯齿状电压，在 R_3 上形成脉冲电压。在交流电压的每个半周期内，单结晶体管都将输出一组脉冲，起作用的第一个脉冲去触发 VT_1 的门极，使晶闸管导通，灯泡发光。改变 RP 的电阻值，可以改变电容充电的快慢，即改变锯齿波的振荡频率。从而改变晶闸管 VT_1 的导通角大小，即改变了可控整流电路的直流平均输出电压，达到调节灯泡亮度的目的。

四、实训步骤

1）按照电路原理图各元器件的参数检测电力元器件。

2）在电路板上正确安装元器件并焊接。

3）调试电路。经检查无误后，插上电源插头，打开开关，旋转电位器，灯泡逐渐变亮，说明调试成功，使用测量工具测量电路的有关参数。

五、评价标准（附表1）

附表1 评价表

项目内容		配分	评分标准	扣分	得分
按图焊接	排列	15 分	排列不整齐扣 3~5 分		
	焊点	20 分	1. 焊点毛躁扣 5~10 分 2. 虚焊、漏焊，每处扣 10 分		
调试		35 分	1. 灯亮暗不可调扣 15 分 2. 灯不亮扣 15 分 3. 经老师指导调试成功扣 5~10 分		
波形观察		10 分	不会使用示波器扣 10 分		
参数测量		10 分	不会使用万用表扣 10 分		
安全、文明生产		10 分	违反安全文明操作规程（视实际情况进行扣分）		

六、注意事项

1）带开关电位器用螺母固定在印制电路板的孔上，电位器接线脚用导线连接到印制电路板的所在位置。

2）灯泡安装在灯头插座上，灯头插座固定在印制电路板上。根据灯头插座的尺寸，在印制电路板上钻固定孔和导线串接孔。

3）电路板四周用四个螺母固定、支撑。

4）由于电路直接与220V相连接，调试时应注意安全，防止触电。调试前认真、仔细检查各组件安装情况。最后接上灯泡，进行调试。

5）由BT33组成的单结晶体管张弛振荡电路停振，可能造成灯泡不亮，或灯泡不可调光。其原因可能是BT33或C损坏。

6）电位器顺时针旋转时，灯泡逐渐变暗，可能是电位器中心抽头接错位置。

7）当调节电位器RP至最小时，灯泡突然熄灭，则应适当增大电阻R_4的阻值。

综合实训 2　晶闸管控制闪光彩灯电路的安装与调试

一、实训目的

1. 了解晶闸管控制闪光彩灯电路的基本构成。
2. 理解晶闸管控制闪光彩灯电路的工作原理。
3. 掌握晶闸管控制闪光彩灯电路的安装与调试方法。

二、实训器材

1. 实训仪器及工具

万用表（MF 47A）1块、双踪示波器1台、尖嘴钳1把、斜口钳1把、镊子1把。

2. 实训器件

电路板；电力电子元器件；导线若干。

三、实训原理

1. 电路原理图（附图2）

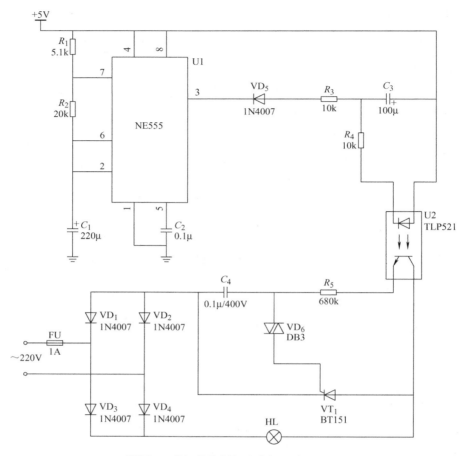

附图 2　晶闸管控制闪光彩灯电路原理图

2. 工作原理

当接通电源时，彩灯 HL 会逐渐变亮，当达到最亮时，会自动逐渐变暗，灯亮度达到最暗时，又会自动逐渐变亮，如此不停循环。彩灯 HL 的亮度变化过程取决于电容 C_3 的充电、放电。当 U1（NE555）的 3 脚输出为高电平时，电容 C_3 开始放电，通过 U2（TLP521）的光电隔离，彩灯 HL 的亮度开始下降。

四、实训步骤

1）按照电路原理图中各元器件的参数检测电力元器件。

2）在电路板上正确安装元器件并焊接。

3）调试电路。经检查无误后，接通电源，打开开关，灯泡逐渐变亮，再逐渐变暗，如此不停循环，说明调试成功，使用测量工具测量电路的有关参数。

五、评价标准（附表2）

附表2 评价表

项目内容		配分	评分标准	扣分	得分
按图焊接	排列	15分	排列不整齐扣3~5分		
	焊点	20分	1. 焊点毛躁扣5~10分 2. 虚焊、漏焊，每处扣10分		
调试		35分	1. 灯不闪烁扣15分 2. 灯不亮扣15分 3. 经教师指导调试成功扣5~10分		
波形观察		10分	不会使用示波器扣10分		
参数测量		10分	不会使用万用表扣10分		
安全、文明生产		10分	违反安全文明操作规程（视实际情况进行扣分）		

六、注意事项

1）灯泡安装在灯头插座上，灯头插座固定在印制电路板上。根据灯头插座的尺寸，在印制电路板上钻固定孔和导线串接孔。

2）由于电路直接与220V相连接，调试时应注意安全，防止触电。调试前认真、仔细检查各组件安装情况。最后接上灯泡，进行调试。

3）用示波器测试波形时，两条测试线中只能有一条测试线的接地线接电路"地"；而另一条测试线的接地线悬空，以免通过两根接地线使电路短路。

参 考 文 献

[1] 张友汉, 周玲. 电力电子技术 [M]. 北京: 高等教育出版社, 2009.

[2] 高文龙. 电力电子技术 [M]. 北京: 机械工业出版社, 2012.

[3] 张涛. 电力电子技术 [M]. 北京: 电子工业出版社, 2003.

[4] 莫正康. 电力电子技术 [M]. 3 版. 北京: 机械工业出版社, 2004.

[5] 黄家善, 王延才. 电力电子技术 [M]. 北京: 机械工业出版社, 2000.

[6] 曾方. 电力电子技术 [M]. 2 版. 西安: 西安电子科技大学出版社, 2014.

[7] 王兆安, 黄俊. 电力电子技术 [M]. 4 版. 北京: 机械工业出版社, 2000.

[8] 浣喜明, 姚为正. 电力电子技术 [M]. 北京: 高等教育出版社, 2003.

[9] 石小法. 电子技能与实训 [M]. 北京: 高等教育出版社, 2008.

[10] 陈传周, 浙江亚龙教育装备研究院. 电力电子技术实训指导书 [M]. 北京: 机械工业出版社, 2012.

[11] 王国明. 常用电子元器件检测与应用 [M]. 北京: 机械工业出版社, 2011.

[12] 王文郁, 石玉. 电力电子技术应用电路 [M]. 北京: 机械工业出版社, 2004.